高情商社交术：

你一开口，就是主场！

鲍杰汉　著

SPM
南方传媒

广东人民出版社
·广州·

图书在版编目（CIP）数据

高情商社交术：你一开口，就是主场！/ 鲍杰汉著 . — 广州 : 广东人民出版社 , 2020.7（2023.6 重印）
ISBN 978–7–218–14044–5

Ⅰ . ①高… Ⅱ . ①鲍… Ⅲ . ①情商—通俗读物②人际关系学—通俗读物 Ⅳ . ① B842.6–49 ② C912.11–49

中国版本图书馆 CIP 数据核字 (2019) 第 249382 号

GAOQINGSHANG SHEJIAOSHU: NI YIKAIKOU, JIUSHI ZHUCHANG!

高情商社交术：你一开口，就是主场！

鲍杰汉 著

出 版 人：肖风华

责任编辑：钱飞遥
文字编辑：张 颖
责任技编：吴彦斌　周星奎

出版发行：广东人民出版社
地　　址：广州市越秀区大沙头四马路 10 号（邮政编码：510199）
电　　话：（020）85716809（总编室）
传　　真：（020）83289585
网　　址：http://www.gdpph.com
印　　刷：三河市龙大印装有限公司
开　　本：890 毫米 ×1240 毫米　1/32
印　　张：7.75　　字　　数：160 千
版　　次：2020 年 7 月第 1 版
印　　次：2023 年 6 月第 2 次印刷
定　　价：39.80 元

如发现印装质量问题，影响阅读，请与出版社（020–87712513）联系调换。
售书热线：（020）87717307

目录
CATALOGUE

第三章 细节
路漫且远 上下求索

第四章 刻苦

勤积跬步 以至千里

第五章 透视

正反剖析 点亮前行

第六章 裂变

情商升级 万里鹏翼

序 言

这本书的逻辑是很清晰的三段论——高情商社交很重要；会讲话是高情商社交的核心能力；提升演讲能力能够极大提升讲话水平。

所以说，演讲能力的提升能够为高情商社交增添澎湃动力，进而为我们的生活增光添彩。

在日常工作和生活中修炼高情商演讲能力

我相信很多人的最大恐惧之一就是如何在众人面前得体地、打动人心地，甚至讨人欢心地讲话。很多人从年幼就开始因为当众说话能力欠缺这块短板而倍感自卑，多年来成为心中久久挥之不去的阴影，甚至噩梦的源泉。

如果您是这样的人，那么就请读本书吧，因为这本书的作者——我就是这样的人，我没有经过任何的专业训练，天资也一般，大学毕业前一直说的是口音浓厚的方言，经过多次演讲失败和自信心崩塌，是从草根一点点努力成为综合表达能力还算过得去的人。

这本书没有太过高深的理论，很多内容讲的是我作为一个普通人，作为一名职场人士，是如何成为一个还算会说话的人。这是一些草根经验、草根体会，我想，有可能适合草根的您。

我相信您和我是同样的普通人，我不是大牛人，不是大演讲家，默默无闻，十分不知名。随着我表达能力的不断提升，至少给我带来了 50% 以上的工作"小成就"。我自己在漫长的岁月中慢慢地学会了说话，在几百人面前已经不再紧张了，甚至人越多我越兴奋，周围的朋友大多认为我会说话，这成为了我的一个标签。

但是我没有经过专业训练，也没有去训练过其他人，所以我不太会"培训公司腔"。我只想以一个普通的过来人的经历告诉大家：我可以的，您也可以。

其实很多人都有这样的感觉，就是在机场、高铁站等书店里有很多演讲口才类的书籍，也有很多书店还播放着演讲口才类的视频，这些都能够让我们激情澎湃。但是我们即使购买了这些书籍和相关的视频，却发现我们仍然成为不了特别牛的演讲家。为什么会这样呢？因为我们的目标定得太高了。

为什么说我们的目标定得太高了呢？因为我们绝大多数人都是普通人，我们绝大多数人成为不了马云那样的人，所以我们如果按照演讲大牛人来要求自己，就会觉得自己进步很慢，就会经常地被失望击倒。

试想，我们读一本演讲的书，是为了什么呢？我们其实为的都是领导的认可、竞聘中的成功、客户推介会或工作总结大会上的一次良好表现。我们的这些目标并不宏大，也并不要求我们具备特别牛的演讲能力，我们只是希望能够流畅表达，别怯场，别吓得说不出话，我们其实只是要求明天的自己比昨天的自己强一点点。

所以我们的要求没那么高，就不能用太高端的标准要求自己。我们需要的是普通人的演讲，而不是"国王的演讲"，不是大牛人的演讲。

很多朋友都想提高自己的综合表达能力，也看过很多名人的演讲，看的时候倍感鼓舞，甚至还参加过一些高端、昂贵的培训班，买过很多演讲与口才类的训练书籍，但是绝大多数朋友的口才仍然没有得到较大的提升，仍然在看着别人去畅快地展示，自己却依然躲在群众中，期盼着某一天奇迹会到来。

我们其实真的不是想成为演讲家，我们只是想在众多的观众面前，在单位领导面前，在面试官面前，在座谈会上，在客户推介会上能够畅快地表达自己，增强自己的自信，让自己心情舒畅就好了。这其实就是我们的真实需求。我们并没有追求成为像演讲大牛那样侃侃而谈的"神"，我们只是想在我们的小圈子里畅所欲言，而不是"茶壶里倒饺子"。

这本书您从任意一章或一页翻起都会有收获

我相信很多人和我是一类人，就是会因为心血来潮买了很多书，却只是在买单前那几分钟会翻看一下，然后就是把书拿到家里后偶尔翻看几页，这一下加那一下，大体只能看个二三十页。绝大多数人对于一本书的吸收程度大概就是这样了，所以几百页一本的书，除非机缘巧合，否则不会完整地看完。那么我们整个的信息获取量也就局限于这两到三次的翻一翻。但不幸的是一般的书总是把精彩的内容放在中后部，就比如说关于演讲的书也是越到后面内容更重要，前半段总是告诉大家演讲的重要性和意义在哪里，但是当大家简单地翻阅过前面的部分后，就没有动力或者不会看了，所以真正的技巧几乎永远都看不到，那么我这本书就考虑到了绝大部分人的习惯和阅读的规律，所以我把重要的内容放在了前面，重要的技巧也放在了前面，我相信会有更多人阅读起来感觉会比较好。

此外，我还发现，即使对于演讲讲得再系统的一本书，80%的人都不会系统地通读完。大部分人会像我一般偶然捡起这本书随便翻到其中的一篇或者挑选几章来读。所以，如果您看的那本书是一环扣一环地层层递进展开，像我一样的读者就无法联系上下文去读懂。有鉴于此，我为我在实践中得来的每一个演讲小技巧单独设立了一篇小文章。这些文章是独立成篇的，一般只有三页左右。您读完了一篇就掌握了一项演讲技能，并且不需要您依赖前面内容。所以您可以随意地翻看这本书，仍然能够有所收获。

第一章
正视

开口成金
情商变现

高情商社交是人生昂扬向上的澎湃动力

　　人总是劳动、生活在一定的社会关系之中。我们除了睡觉之外，几乎时时刻刻直接或者间接地与各种各样的人在打交道，无论是我们的生产还是生活都需要借助其他人的力量来实现我们的目标。

　　马克思说："人的本质不是单个人所固有的抽象物，在其现实性上，它是一切社会关系的总和。"人是具体的、生活于现实中且有血有肉的，人们的一切行为不可避免地要与周围所有的人发生各种各样的关系，如生产关系、合作关系、亲属关系、上下级关系、同事关系、朋友关系等。这种复杂的社会关系就形成了人的社会属性。

　　无论是谁，都是情感的动物，有喜欢和讨厌等各种十分复杂的情感。当我们能让他人如沐春风，喜欢与我们交往、亲近、合作，我们的很多事情自然事半功倍；当我们的某些行为和话语触怒了他人，引起他人的反感甚至逆反心理，我们往往会在工作和生活中受阻乃至"受伤"。所以说，在当今时代，人们面对的是快节奏的工作与生活、复杂的人际关系和协作关系，不仅仅需要很高的智商能力来建设自我、改变世界，也需要能够让智商得以充分释放的情商配套。

　　那么什么是情商呢？简而言之就是为人处事的哲学，是与人打交道的技能。高情商的人首先能够满足他人的情感需求，自然他人就会投桃报李。情商不是孤立存在的，而是在我们与人交往的过程中——也就是在社交过程中不断展现出来的，我们展现出来的社交状态自然就分为两种：高情商社交、低情商社交。

高情商社交能够成为我们工作与生活的高效润滑剂，让我们的工作与生活发动机高效地运转起来：如果您是领导，高情商社交能够让您获得更多群众的拥护和支持；如果您是下属，高情商社交能够让您获得上司的更多重视与青睐；如果您是企业家，高情商社交能够为您赢得更多合作者的尊重和广阔的商机；如果您是科学家或工程师，高情商社交也能够为您赢得更多的便利乃至梦幻的团队合作；如果您觉得您只是一个平平无奇的普通人，那您更需要高情商为您的生活打开新的通道，走向更顺畅的人生。

所以说，高情商社交的确是人生昂扬向上的澎湃动力，是我们不可或缺的工作与生活的必须，高情商社交很重要，培养高情商社交能力很必要。

会讲话是
高情商社交的关键

高情商社交涉及方方面面，包括缜密的思考、为人处事、个人魅力与修养，还有一项高情商社交无论如何都绕不开的高频能力——就是会讲话。

人每天都要讲话，讲话的能力、讲话的水平在很大程度上决定了一个人的品味和社交质量。

会讲话是高情商社交的关键！

例如我的一些朋友经常会向我诉说他们的烦恼：平时自己工作勤勤恳恳、任劳任怨，但是每次到了重要的场合，上级往往更倾向于安排那些伶牙俐齿、谈吐得当的同事登上舞台、正式汇报，他们这些默默无闻、踏踏实实的朋友只能坐在一旁艳羡，当"吃瓜群众"。

这种现象其实并不罕见，一个组织、一家单位其实往往只有一两个人情商高、综合表达能力强而且有感染力。这种类型的人最核心的能力就是知道对着什么人说什么话，并且他们的话让人听了非常舒服，他们的讲话感染人，他们到重要场合向内外部汇报单位业绩、展示产品时往往能够为公司、单位赢得更多的赞许，也就是为公司创造价值。所以他们的机会自然就更多。

如此一来，外界当然下意识地认为"谁说的就是谁做的"，结果那些默默付出、勤勤恳恳的同事长期做实事，往往赶不上那些情商高、表达能力强的同事说上半天乃至十几分钟。当然，如果一个人又是"高情商演讲大牛"又兢兢业业地做工作，那就太完美了。

有一次，我的一位抱怨没机会表现的朋友终于有机会上台了，他花了两个星期准备材料，在汇报会上用尽全力，结果不仅没有引起与会者的任何共鸣，还有几句话很不得体，让听汇报的几个兄弟单位的领导都不太高兴，集体对他留下了不佳的印象。所以他汇报的正面影响如水蒸气一样消失得虚无缥缈，反倒是负面影响被主管领导提起了多次，令其倍感失落。自然，此后他几乎与各种各样的"抛头露面"的重要场合无缘了，他身边也很少有因为工作结缘的客户和朋友。

我的另一位朋友，往往能在即使短暂到 10 分钟的公开汇报中左右逢源、话语得体，照顾到各方面的诉求和感受，并且牢牢抓住人们的注意力，即使是平淡无趣的项目，也能被他在短时间内塑造得"高大上"，令人欲罢不能，获得出人意料的关注和资源，进而赢得领导、同事们和广大客户的的垂青。自然，他成了重要会议、汇报、展示场合的常客，公司的领导、同事们都很信任乃至依赖他，主动结交他。

我再说一下我的例子，2016 年到 2019 年这四年左右的时间，是我讲话能力得以大幅度提升的重要的四年，特别是 2018 年以来，这种能力的提升速度很快。每次我在公开场合汇报、演讲后，都会有大量的领导、兄弟公司的同事、从来不认识的客户甚至会场工作人员主动加我的微信，每次我都会被很多人包围在中间，大家主动和我攀谈、约我喝咖啡或者邀请我加入他们的沙龙，所以我的社交圈在每次公开演讲后都得到进一步扩大。最为明显的表现就是 2018 年以来，我的微信朋友数量从 500 余人急剧增长到现在的 9000 多人——是的，因为微信朋友数量 5000 人是上限，所以我现在开通了两个微信号，并且不得不即将开通第三个微信号，这种通过高情商公众汇报、演讲批量交友、快速扩大朋友圈的效果非常好，我称之为高情商演讲批量社交术！

所以说，优秀的公众表达能力与优质社交——特别是批量优质社交紧密相关，而优秀的公众表达能力需要融入我们的高情商，这样才能够左右逢源、不得罪任何一方听众，让所有听众都爱听，所有听众都折服，所有听众都想和演讲者建立起紧密的联系，成为演讲者的好朋友乃至好伙伴！

那些情商高、表达能力强，在重要人员、客户、广大观众面前能够侃侃而谈，特别是在大型的推介会、工作汇报会、座谈会上能够侃侃而谈、表现游刃有余的人，往往能够获得更多的领导关注、朋友信赖、客户邀约，也会有更多的社会资源主动涌来，职业生涯发展之路和生活之路往往也更加宽广和光明。

学会讲话
要从掌握演讲开始

演讲是讲话水平的巅峰呈现；

演讲是口语、形象、行为学、心理学、文学等大量能力的系统集成；

演讲是情商密集型的实践；

演讲是一门实践的艺术、经验的艺术、磨练的艺术；

演讲不是高高在上的、不是大师的专属、不是天方夜谭；

演讲是触动听众内心最柔软的部分，是好好说话、是点滴积累，是细细研磨；

演讲是表达自我、是认识自我、是实现自我；

演讲是很多！

一个人掌握了高水平的演讲能力，在很大程度上就掌握了科学说话的要领，在高情商社交中就很容易游刃有余地讲话，游刃有余地高质量、高情商社交。

所以我们需要在日常工作和生活中，花费一定时间和精力投入到演讲能力的养成中来。

只要敢于"张口"，公众社交演讲就不会再难

我们绝大多数都是普通人，终其一生都不可能成为马云、俞敏洪，我们甚至不会有一次机会参加那种大量媒体关注的高端论坛。但是作为普通人，我们仍然需要演讲的能力——不是那种高高在上的演讲，而是普通人需要的、接地气的、能够感动我们身边人的、能够获得我们自己认同的演讲。这种演讲能力对于我们自己、我们身边的亲人和朋友、我们所在的公司都是有着现实意义的。

演讲是一门实践的艺术。我身边有几位朋友，没有经过演讲的专门训练，也没有系统总结过演讲的相关知识、技能，甚至还有一位朋友仅有初中文化，但他们都是演讲能手，他们有一些共同的特点：胆子大、脸皮厚、勤动嘴、不怕羞。这几位朋友就是在各种各样的演讲、推介会甚至街头拉客营销中成长起来的，他们都是我的老师，是我的榜样。

说了这么多是想告诉各位朋友，演讲知识、技能和经验是不能完全靠书本读出来的，演讲的自信更不能依赖于书本，而是要靠我们在实践中摸爬滚打磨练出来。

演讲真的不难，就是说话！

演讲又真的很难，因为只要你不开口讲，不敢于犯错，害怕讲错了丢人，演讲就永远是难的；所以还是我常说的那句话，即使我们是普通人，只要我们用心、用智、用情地去投入，普通人的演讲也会出彩，也会感动我们身边的人。

磕磕绊绊是讲话能力成长的"必修课"

我接触到的周围的很多同事、朋友，他们都渴望成为口齿伶俐、在众人面前滔滔不绝的人，他们都渴望能在众人面前慷慨陈词，他们都渴望在产品推介会的时候能担任主推介人，他们都渴望在各种重要的场合成为那个主汇报人。

所以有部分朋友报名参加了演讲培训班，买了很多演讲励志的书籍，不断地加强练习，部分人效果明显，部分人效果不佳。很多朋友经常是努力了两个月左右就放弃了，这些朋友在遇到挫折后丧失了信心，认为自己永远告别了那种出色的演讲，从此一蹶不振，甘愿缩回到此前的"舒适地带"，旁观那些伶牙俐齿的人获得大家的瞩目，甚者这些伶牙俐齿的家伙的孩子也能够在众人面前顾盼自若、恣意陈词。在工作后的十几年中，我慢慢地成为朋友眼中的"能说会道"的人，不少朋友说我的演讲能力很强，煽动能力很强，每次由我主讲的推动会、推介会、动员会和培训都能够出色甚至出彩——能在台上压得住场、顾盼生辉、成为焦点，也每每能够让这些场合在大家心中留下深刻的印象。

我自己深切地知道，我也是一点一滴地成长起来的。很多朋友问我如何能像我一样脱稿主持和即兴演讲，这个问题如果在 2016 年 5 月前，我是完全不知道如何回答的，因为在此之前，我也都是必须写好稿子背诵至少几个小时，或者至少打好腹稿的。2016 年 5 月后，因为工作的原因，我不得不频繁地即兴演讲或者主持，在前几次，我都出现了各种各样的差错，这导致了我失眠和无休止的紧张，甚至看到观众的眼睛都会觉得无助眩晕。随着这样脱稿次数的增多和犯错误次数的持续积累，我从开始的慌乱到适应，再后来慢慢有了些心得，最近一段时间我才到了稍稍游刃有余的程度。虽然如此，就在2017年下半年举办的一次评选活动上，我兼任主持和活动整体情况介绍，还是犯了很多错误，包括把出席领导介绍错误、演示笔没电无法翻页PPT、演讲环节严重超时等。这次当众演讲的经历是我多年演讲、推介经历中最糟糕的一次，着实让我心情差了很多天。我想用这个例子告诉各位读者和朋友们，在很多朋友眼中巧舌如簧、镇定自若的人也依然会遇到滑铁卢，依然会因为演讲出问题而造成情绪波动。所以现在还"含苞未放"、"羞涩有加"的朋友们遇到演讲失败就更是应该习以为常的了——大家务必谨记：演讲出错了，心情低落可以，但是切忌丧失自信、一蹶不振，切忌将自己一时的小挫折当成自己的宿命。

我的讲话能力成长的故事

丘吉尔、亚里士多德、奥巴马、马云等名人的演讲故事浩如烟海，也每每能够激起大家的斗志和自信，但是问题就是这些斗志和自信来得快去得也快。因为大家的目标树立得太高了，这些能人不是我们身边看得见摸得着的朋友，我们需要的是那种普通人够得着的成功。

在讲话能力的培养方面，因为自己的刻意努力，因为几次努力后的小成功，我慢慢地开始树立起信心，我慢慢地拥有了自己成功的故事，进入到了正能量的良性循环中。越正能量，越练习，越成长，越自信。最关键的是，截止到今天，我都没有受到过专业的训练，我本人也没有什么天生的特长，我不是那种特别有毅力的人，很多时候甚至有点好吃懒做。但是因为我慢慢地能讲了，能说会道了，我的工作圈、朋友圈、我的自信心都得到了较好的提升，正印证了所谓的"一俊遮百丑"。所以，像我这样的普通得不能再普通的人也能够在不接受各种专业训练的情况下成为"好舌头"，那我想大家也一定可以。

第二章
勇气

荣誉桂冠
荆棘编织

我们为什么会害怕当众演讲

为什么我们在众人面前演讲——无论是脱稿的临时应景讲话还是我们事先反复背诵的有准备的演讲，我们都会紧张，有的人甚至出现情绪崩溃的事情？

公开演讲让我们觉得"身临险境"，总有要逃跑的冲动。我们大多数人虽然一直被这种感觉折磨着，但却从未问过我们自己，为什么会这样呢？为什么我们如此怕在大家面前说话？

我们紧张的远古基因

为什么我们不喜欢在众目睽睽之下讲话，经常选择逃避呢？

一种理论是这样解释的：人类在诞生之初，就要不断逃避野兽的追击，野兽最让我们害怕的就是他们的双眼。所以当我们遭遇一大堆野兽用双眼看着我们的时候，我们的本能反应就两个——要么战斗，要么逃跑。无论是战斗还是逃跑，我们都需要肉体上和精神上的能量，所以我们的身体开始分泌肾上腺激素、心跳加快、瞳孔放大以接收更多光线，同时肌肉开始紧绷准备战斗或者逃跑。

所以在面对公众演讲时，我们紧张和兴奋的心理感受和生理感受其实是非常类似的。同样的道理，远古以来人类害怕野兽的这种天生的畏惧心理浓缩为害怕"众目睽睽"，害怕众人围着我们，看着我们。虽然这不是生死存亡，但是仍然会唤醒我们远古的基因，让我们想战斗或者想逃跑。

我想表达的是，演讲前的紧张其实与远古时代人类遭遇野兽围攻的情况相同，我们既有战斗的冲动也有逃跑的可能，两种情感和选择我们都有，只不过我们的大脑经常错误地认为肾上腺激素分泌增加引起的身体发抖、肌肉紧张和心跳加速是逃跑的信号，远古的基因其实骗了我们，也许我们的身体很可能是想战斗，是想站在演讲舞台上征服观众，但是我们的大脑更倾向于被大脑左右，认为这些身体的反应是告诉我们要马上逃跑，所以我们就真的想逃跑了。

我们的紧张还来自于我们对可能存在的坏结果的过度的忧虑，我们怕搞砸了，搞砸了会丢人，会使得我们灰头土脸，在领导、同事、亲戚、朋友面前颜面尽失。

好的，知道了紧张的源头就好办了，我们就大概知道如何应对紧张了！

如何应对公众演讲的紧张

如何应对呢？

这里有两个办法：

明白你自己是想"战斗"的。你要明确知道呼吸加快、大脑血往上涌、甚至腿部轻微发抖等情况，既说明自己在紧张，其实也说明你的身体已经做好了上场的准备，这是充分调动你身体肌肉群的好机会，这种身体上的表现既有助于你去"战斗"——征服观众，当然你也可以"逃跑"，客观上两个状态在身体上的反应是一样的，所以如何取舍就取决于自己的主观态度了。我们已经区别于远古的动物了，人是有主观能动性的，所以我们能够扬长避短，克服自己身体上的"无意识状态"，我们能够用意识指挥身体，而不是反过来。这个社会是被人民大众包围的，我们只有努力去征服听众，才能够在以后的社会丛林中更加坚定和更好地适应。

不要害怕出丑。想成为演讲的能手是肯定要出丑的，我就出丑了很多次，现在回想起来依然想找个地缝钻进去，即使我在 8 年前已经两次取得省分公司演讲比赛第一名，我在领奖的时候依然出了大丑。领奖后我在现场同事的数码相机上看到我的裤子裂开了，滑稽地在台上捧着奖杯，这成了周围同事多年来的保留玩笑。还有很多我出丑的细节包括说错领导的名字、忘词、演讲严肃话题的时候说出乡音导致大家笑场、PPT 出现重大失误的错别字、话筒没声音只能用嗓子干喊等等。但是无论当时还是现在，我都觉得这些出丑是我在成为演讲熟手之路上的必要的代价和学费，成长当然是需要付出学费的。出丑越多，就积累了更多的经验，就不会再犯那么多错误了，就成长了。演讲的错误和出丑的次数其实就那么多，即使如我这样笨的人把所有的错误都犯了一遍，就成长了，也就没错误可犯了。所以出丑是好事，别怕，出丑了更能锻炼一个人。

记得这两点，你就会勇敢迈出这一步！

恐惧无法逃避，只能习惯
与因势利导

2019 年有半年时间，我牵头负责了一项大型的活动——在广州小蛮腰举办一场颁奖典礼，这场持续了半年的活动让我持续紧张，精疲力竭，好在结局是完满的，让我松了一口气。

虽然整个活动持续了半年时间，但是密集准备期其实是 3 个月，期间种种紧张、忙碌、繁杂和忙乱一直萦绕心际，在活动举办的前一天和当天，我的几位同事陆续出现了情绪崩溃的情况，我差点也情绪崩溃。

所以我想谈谈大型活动举办前的心理紧张问题，因为大型活动举办前的心里紧张和公众演讲的心里紧张程度如出一辙，都是感觉如鲠在喉。这种压力和紧张是无法逃避的——即使做梦的时候都梦到自己在紧张。

我曾不断地想逃脱这种恐惧，想消除紧张感或者逃避紧张——的确，紧张带给我们的压力和痛苦是一种无法言说的折磨，无论是体育竞技比赛、工作或是演讲，紧张其实都是影响我们发挥的重要因素。

大部分人尝试着去消除紧张，还有一部分人选择逃避，这些其实都不是正确的做法。在我看来，正确的做法就是学会习惯、适应并因势利导，这样才能让我们成为演讲能手。

这一次大型活动举办我面临的紧张心理

我上面提到的大型活动在开始前的最后一个月进入到了白热化阶段，我下面就想谈谈这一个月的心理变化。

包括我在内的几位活动的主要策划和推动者在最后一个月里紧张会如影随形地萦绕心际，最后两周会出现一定程度的难以入睡或者失眠的情况，每半个小时会想起这次活动，一想起活动就会想到如果搞砸了怎么办，就会想到那些还没有落实的海量细节中的一个，然后就会由一个细节联想到另一个细节，进而会不由自己控制地想到怎么会有这么多工作没有落实，然后无边的恐惧就会袭来，吃饭完全没有胃口。

核心的问题是其他工作并没有因为这项工作而停止袭来，往往是越到活动开始前的关键期，意想不到的与活动不相关但是非常紧急的事情不断袭来，导致本来就捉襟见肘的时间更为稀缺，更加重了紧张的情绪，最后几天甚至会出现心脏剧烈跳动、心律不齐以及呼吸困难的短暂现象。

进入到最后两天的倒计时，往往会发现还有若干个重要细节没有落实，特别是出席会议的最大的那几位领导是否参加久久不能确定，进而导致领导发言、座位排序、颁奖顺序、工作餐安排等一系列议程出现极大不确定性——恐惧——无边的恐惧。

活动开始的前一天或者当天，照例开始彩排。这一般是又一个噩梦的开始。首先，照例一半人都不会准时，比如确定下午2点开始彩排，一定开始不了，因为无论如何强调，总有一半人铁定会迟到，有人会迟到一个小时以上时间；广告公司的设备也会照例出故障。所有准备工作搞定，原本2点开始的彩排延迟到3点半开始后，就会发现每个环节都会出错，每位工作人员都不熟悉自己的工作，灯光、音响配合的都不到位，这些问题需要硬着头皮将彩排进行到第三遍才会好转。

等到准备进行第四遍彩排时，往往发现已经来不及了，因为客人马上就要到了，进行了三遍彩排的人已经饥肠辘辘，必须吃饭了。这时，活动主办人员只能对部分重要环节再进行彩排，反复与各个环节的人口头推演各项容易出错的环节。因为现场场地很大，进行三遍彩排之后，虽然拿着麦克风来调度，但是主办人员的嗓子此时一般已经哑了，并且因为场地间来回奔跑，腿已经开始绵软，因为主办人员一离开彩排位置，所有人都会懈怠下来，以至于主办人员不到最后一刻没法吃饭，所以身体能量也到了最低点，心理烦躁到极点，发现所有环节心理都没有底。

开场前一个小时，往往还会接到领导和各方电话，领导的座位、议程顺序甚至出席领导等很多关键要素会发生变化，于是必须在紧张忙乱中把这些变化的要素搞定。

开场前半个小时，所有人员都开始紧张地忙碌，因为现场的嘈杂，主办人员会发现打电话给任何一个工作人员都无法第一时间接通，甚至往往是打了几十个都没人接电话，时间一分一秒过去，主办人员已经感受不到心脏的跳动。

随着音乐响起,领导入场,活动终于开始了,大局基本已经确定,虽然依然紧张,但是很多环节已经自动开始,无法挽回,所以活动正式开始后反倒是不会太紧张了。

.活动结束后,领导合影,然后离开场地,或者用工作餐,或者不用工作餐,然后工作人员聚在一起合影,原本活动开始前商量好的当晚聚一聚庆祝一下的事情一定无法落实,因为所有人都累瘫了,几个月的心理压力突然消失,整个人的身心瘫软,最想的事情就是回家睡到天昏地暗。

学会习惯和利用紧张

我从大学开始就参与举办过各项活动,自己作为主办人员的活动有几十次,大型活动也有十几次,没有一次不紧张,没有一次不用忍受恐惧和失败的惧怕。

后来我渐渐发现,举办活动,恐惧与紧张一定会如影随形,只要活动不结束,紧张就不会结束。

所以不要再徒劳地试图摆脱恐惧和紧张,这是没用的。

重要的是要习惯紧张,习惯被恐惧催促,习惯在紧张的状态下奔跑,并告诉自己坚持到活动结束,紧张会立刻消失,活动不结束,就一定会紧张。

不要因为紧张和恐惧就什么都不做,鸵鸟心态。不要企图靠睡觉或者不工作来逃避紧张,因为越是不投入精力准备,越是逃避就会发现时间越是快速流失,准备工作越不到位,自己就会越紧张,然后形成恶性循环，最终导致心里崩溃。

所以，不要害怕紧张，因为紧张无法逃避，只能习惯，我们要做的就是不要因为紧张而心里崩溃。

某种意义上来讲，紧张其实推动着社会的进步，因为从远古时代开始，如果我们不紧张，面对野兽的来袭，我们就不会奔跑，就会死掉；如果我们不因为食物匮乏或者寒冷而紧张，就会因为食不果腹而无法生存。

同样的道理，如果面对即将开始的公众讲话或者说演讲，我们不紧张，就不会充分利用唯一的不可再生资源——时间，进而也就不会抓紧在心里遣词造句，不会抓紧去思考，不会用心去打动观众，不会进入到"战斗"状态打起精神，就不会调动起各项资源。所以紧张是调动资源、提升效率、进入状态的法宝，我们真的无法逃避紧张，只能习惯紧张，适应紧张，甚至喜欢上紧张，进而因势利导地利用好紧张——这其实是演讲老手与演讲新手的本质区别。

创伤综合征的修复

相信大家都听过一个名词——PTSD，即创伤后应激障碍，是指个体经历、目睹或遭遇到一个或多个涉及自身或他人的实际死亡，或受到死亡的威胁，或严重的受伤，或躯体完整性受到威胁后，所导致的个体延迟出现和持续存在的精神障碍。虽然说用在这里不大合适，却也能描述很多人的心理状况——很多朋友不敢站上舞台，不敢张嘴演讲，是因为在人生的演讲历程中遇到过演讲失败、演讲事故，部分失败导致了心情落差，而严重的则留下了深刻的后遗症，以至于十分恐惧登台演讲，害怕触景生情反应，甚至感觉创伤性事件好像再次发生一样。

这里我就给大家分享三个我的公众演讲失败的案例，以此来告诉大家你的失败在其他的普通人身上也有，所以你的失败并不孤单，你不需要自惭形秽，不要自暴自弃，不要一遇到公众演讲就把自己掩埋起来。现在回过头来看，很多的挫败实际上是我今后进一步成功的重要阶梯，让我内心更为坚强、脸皮更厚、站在台上的定力更强。

很多朋友说我在台上给人左右逢源、游刃有余的感觉。是的，大家看到我在台上有多么的轻松，控场力有多么强，多年前的我就有多狼狈、多自卑、多么昏天黑地地丧失信心，所以这些对我来说都是宝贵的财富，可以说要成为会演讲的普通人，首先就要善于、敢于甚至热爱公众演讲时遭受的挫折。

高中时的辩论挫折

高中的时候，我自以为看了很多《狮城辩论集锦》《亚洲高校辩论比赛纪实》《如何成为最佳辩手》等类似书籍就能够驰骋辩论场了。结果我在一次班级之间的辩论比赛上，从一开始就语无伦次地败给了对方班级的一位从未参加过学校辩论赛、看上去不善言辞的同学。此后我特别想翻盘，把局势扭转过来，结果愈发自乱阵脚、语无伦次起来，到最后一次交锋的时候，我知道自己已经彻底被击败了。但是我所在的辩论队有 3 个人，另外两位同学发挥得特别好，与我形成了鲜明的反差。最后我们班级输了，但是我们辩论队的另外一位同事却获得了最佳辩手。大家对他投去了赞赏的眼光，对我却很鄙视。

由于我一开始的自负和比赛的滑铁卢导致之后一段时间，我备尝了很多同学的冷嘲热讽，想要加入校辩论队也被驳回，自我迷茫和怀疑了很久，甚至上课都不敢举手发言了。

大一上课第一天的挫折

第二次受到严重挫折就是口音问题。我在本书的序言中其实已经提到过了，我出生于东北，从小学到高中的时候都是说东北话，我也很热爱东北话。我本身性格比较外向，从小一直是那种热爱回答问题的好学生。大学时来到天津读书，我依然保持着热情回答问题的习惯，在大一的第一堂课《企业学导论》上热情地举手回答老师的问题。老师的问题是：企业是什么？我骄傲地站起来说："企业呀，企业就是那啥，企业不就是为了挣钱而成立的那个组织吗？"我浓重的东北口音比央视春晚小品里面还要东北范儿，令阶梯教室里的很多同学哄然大笑，我一开始不明所以，过了几秒后才知道大家被我的口音逗笑，但当时我其实是很认真地在回答，大家的爆笑使得我满脸通红，坐在我右手边的东北的女同学都笑我了，说原来你的东北话说得真正宗啊。这种莫名的状况导致我一个半小时的课程都没有听进去，我曾经引以为傲的上课积极回答问题的行为在此后半年的时间都荡然无存，衍生性的影响是学校的公共活动和社团也没了我的身影，整个人退回到图书馆。

令人战栗的演讲会

第三次就是 2014 年的一次公司分享会上，我当时讲课的主题比较严肃，在讲的过程中未经仔细思考就随口举了一个例子说：在 XX 分行里部分项目出现了大规模的不良贷款数据，这些不良造成了很大的问题，导致了很严重的结果，此支行的行员和领导没有及时有效地处理问题……后面我一直紧抓着这个例子不放，大肆做负面教材以佐证我的主题，但没想到在现场的 150 位听众里刚好来了十几位该支行员工，该行的人纷纷站起来直接打断我且呼吁现场观众不要再听我的演讲了，他们觉得我侮辱了他们，伤害了他们的感情，而且纷纷向组织此次培训的老师提出要我下台，说我这个人非常不道德。在我剩余的演讲中，他们都在坚持不懈地打断我、控诉我乃至在结业式上他们还在不断地批评我，甚至私下给我发微信、短信与我争执。这让我对自己的演讲能力和临场应变能力产生了巨大的怀疑，这种影响甚至延续到现在也让我心怀战栗。

这就是我印象比较深刻的三次滑铁卢，每次都刻骨铭心，甚至影响了我很长时间，但是从长期来看，这三次的演讲分别给我带来了不同的激励，第一次让我明白了，做人做事不要太自负，不卑也要不亢，要认清自己也不要看低别人，会演讲的人很多很多，看似内敛实则优秀的人也不少，无论是什么样的比赛都不可以轻敌，不要拥有了一点小成绩就暗自窃喜、飘飘欲仙。要勤学苦练，脚踏实地努力提升自己的能力。第二次关于口音的问题让我不断地练习普通话，现在在正式的场合我都使用标准的普通话，而且没有人再说我的口音问题了，反倒有人开始夸我的普通话像主持人一样。而第三次让我知道了，演讲的时候一定要了解你的观众，照顾到观众们的感情，一定要分清楚他们愿意听什么，不能在演讲的时候无准备地信口开河。所以这三次的失败让我学到了很多，对我整个人生起到了很大的帮助，所以说好事和坏事都是相辅相成的。

人生那么长，总会有这样那样的阴影，不仅是在演讲时，在工作生活的很多时候都有可能因为某些失败带来心理上不可磨灭的创伤，大部分人都选择逃避和遗忘，总以为自己不去面对就可以当做什么都没有发生。但创伤的堆积并不是一件好事，我们要正确面对失败和挫折，主动去解决问题，将苦难变成自己前进的动力，将阴影化解变成自己的财富。

那么从今天起，就跟那个躲在壳里的自己和解吧。

公众演讲机会的价值分析

我身边的很多朋友其实是惧怕举办大型活动的，更惧怕让自己去登台讲课，抛头露面。

因为参加一个大型的产品推介会或者开展一次演讲活动要涉及很多准备工作，写稿子、做PPT、背台词、反复排练、调试设备，还要设计肢体语言动作，还要承担紧张的压力，甚至可能因为出错而遭到嘲笑，这会花费很多时间。

如果你一旦觉得这些是浪费时间的话，那么就失去了宝贵的表达能力提升的机会。

几年前我也这样觉得，我认为要搞一场推介会，特别是我要担任这场推介会的主讲嘉宾，不仅要付出大量的努力，而且这极大地占用了我的工作时间和业余休息时间——我特别难以忍受周末用来睡懒觉、看电影、吃美食、游山玩水的时间被占用。

最近几年，这种想法渐渐无影无踪了。因为我觉得这些活动——特别是大型的活动，实际上是给了我免费锻炼的机会。2016年到2019年的时间里，我因为工作的原因不得不牵头举办几十场科技金融沙龙，我要么担任主持人、要么担任主讲嘉宾，有时候一个月中只有一个周末能休息。

牵头举办这种大型活动是非常花费精力的，特别是如影随形的压力持续折磨着我，当时我被这些活动折磨得都"神经"了。但是活动还是要照旧举行，我只能不断地思考、不断地练习，反复改动演讲稿、抓住每一次机会去彩排，不断地进行各方面的沟通，包括视频、音乐、灯光甚至舞美的配合。

经过了大概一年半的"折磨"，到了2017年的下半年，我发现自己心态上有了明显的变化，随着对这些活动全貌的不断熟悉，我不再那么紧张，越是大型的活动反倒让我越发兴奋。我感觉自己的眼界、自信和综合表达能力都得到了质的提高。随着活动的深入，我在活动中也见到了厅长、副省长、省长等各级领导，部分场合还进行了交流。以前，台下有领导我就很紧张；现在，台下的领导级别越大，我越兴奋，越能展现出更高的水平，这是重要的变化。这些成长变化是在日常的普通工作中、在周末休息时间的吃喝玩乐里无法实现的。

所以我越来越喜欢参加这些大型活动，而且渐渐地把这些大型活动视为难得的甚至唯一的让我免费获得综合表达能力与演讲自信成长的渠道和舞台。

为什么呢？

因为搞一场像样的推介会，不仅要花很多钱，还要邀请很多领导与嘉宾、几十位到几百位企业家，这些对于我个人来讲都是宝贵的资源。比如说租场地一般就要就花费数万元，还有LED大屏幕的租赁安装费用、视频制作费、广告公司的场地设计、现场的宣传手册等等又要耗费几万到十几万不等，还有工作餐、交通费等等。我把这些资源都想成是为了我的综合表达能力的提升而免费聚集到我身边的资源，用一次就是占一次"便宜"。

我们提升演讲能力的重要手段就是大型场合演讲，很多演讲培训费用动辄几万元的演讲公司也仅仅能够在演讲教室模拟出很小规模的几十人的"大型场合"，通常一场这样的模拟演讲费用就要个人承担近千元。

而我们可以免费参加这样成本通常要几万到几十万的大型活动，还有"免费"参加的各级领导和企业家，他们都是真实的"本色演出"，这些"演员"的费用就不菲，而且花钱也请不来。这样的再真实不过的场景和免费场合，简直就是我们梦寐以求的。

这样一想的话，我就渐渐地不把这些活动当做负担了，而是当做重要的机会。我想，如果各位朋友也能有这种思想转变，那么我们就会主动去找寻各种各样的机会，主动地去争取这些机会，主动地去准备。虽然这些准备工作占用了我们很多时间，甚至让我们熬夜、让我们吃不下睡不着，可是我们会觉得付出有所得、觉得是有价值的，而且是"占便宜"的。

所以我们多去参加活动吧，多利用这些很多人忽视的、甚至避之唯恐不及的机会来提升自己，不把活动当做负担，而是当成机遇与资源。

珍惜工作赋予我们的
宝贵提升机会

我们是普通人，虽然不需要像大人物那样口才十分卓越，但是为了表达过得去、能够稍微打动领导或者听众，让工作生活变得更顺利些，也需要刻意练习。

后文我会提到的街边演讲就是我刻意练习的一种方式：当我接受几位年轻人的邀请第一次走上北京中关村创业大街的破木头箱子上开始街头演讲时，我都怕死了，心头骤停，感觉地球顿时停止了转动，后来自己硬着头皮尝试了十几次，越来越淡定、越来越自信，成为我自己提升演讲技巧的法宝。

虽然刻意练习对提升演讲能力是必要的，但是很多人不喜欢类似街头演讲这种"用力过猛"的练习方式，也就是说刻意练习并不适合每一个人。

怎么办？

我有一个非常中肯的建议：抓住工作中的每一次机会！

也就是说：要在紧张中熟悉紧张，在忐忑中摸索自信，在讲台上熟悉讲台，在话筒中认识自己的声音。总之——就是要在工作中熟悉和提升演讲能力。

工作中有大量公众演讲的宝贵机遇

前几年，我的上级领导交给我一项当时来看压力巨大的任务——每20天左右举办一场科技金融沙龙，沙龙要有深度、有温度、有情怀、有看点，阴差阳错下我既是沙龙的策划者，也是沙龙的主持人，这着实让我寝食难安，感觉到压力无处可逃。近5年的时光过去了，现在回头来看已经举办了数十场的沙龙，我收获了大型活动的策划能力、脱稿主持的能力、脱稿演讲的能力、幽默的能力、能够压住全场的气场、充分的自信、在台上不再紧张的定力；认识了数十家科技创新企业和活动策划公司、熟悉了多种形式的大型活动举办形式、熟悉了视频宣传片的制作流程、熟悉了如何开展有科技感的路演……这些都是过去近5年时间，我在举办沙龙中的收获，刚才简单总结一下，感觉真的是收获满满，这就是这项工作带给我的财富。

公司经常安排我去讲课、演讲、参加沙龙以及大型客户推介会，我也经常收到来自各级政府、商业银行的邀请去讲课和演讲，这些授课、演讲都需要备课，要做PPT甚至制作多媒体教案，确实占用时间——甚至占用业余休息时间。其实这些活动也找过其他人，部分朋友可能觉得是负担，内心是不太愿意去的。以前我也经常这样想，但是最近我不这样想了，因为我觉得各级公司在出钱、出场地、找观众给我免费提供大场面练习表达的机会，所以每次我或成功或失败的经历都是宝贵的财富。虽然每次准备这些活动我都会被搞得头昏脑涨、压力很大，日常的工作节奏也经常被打乱，但是搞完了就感觉被锻炼了，能力确实提高了很多。这些大场面是我自己没有资源获得的，当然就要依靠公司。

所以我抓住每次公司给予我的去当老师、当主持人、当推介人、当路演者的机会，不断尝试和磨炼各种演讲技巧和方式。比如我认为讲课就是最好的演讲机会——当然您如果每次都照着PPT从头读到尾，那这确实不是演讲。为了锻炼我的演讲能力，最近几年，每次讲课我都会尝试变换演讲方式，脱稿演讲并且全程站立讲课是基本的，这样两年下来，我发现我的即兴脱稿演讲能力得到了极大提升。我还会不断地尝试多种讲课方式：

尝试视频演讲教学法；

尝试在演讲中穿插幽默故事；

尝试在演讲中间用"微体操"的方式唤醒大家低迷的注意力；

尝试在演讲中用电话采访的方式找优秀人员给现场的学员现身说法；

尝试用语音输入的方式现场给学员回顾课程重点；

尝试完全不使用PPT的情况下是否能把课程讲好；

尝试网上直播课程的方式扩大听课群体……

这些尝试是不可能靠我自己在头脑中想象模拟的，也不可能靠我个人的能力找来这么多观众陪我练习，所以只能依靠公司的力量。在我用这些方法练习自己的时候，听众们也非常喜欢这些喜闻乐见的新方式，我在提升自己能力的同时，实际上也提升了演讲课程的质量。所以周围很多同事都说喜欢听我的课程。这成为双赢的模式：我享受演讲给我带来的锻炼，我的听众们享受我的演讲，并且我们教学相长，彼此都带来了收获和欢乐。

即使痛苦的活动经历都是宝贵的

在以上认识的指导下，我甚至把那些即使很痛苦的状态下的出场当做一种宝贵的经历，还记得 2018 年举办的一场活动启动仪式，周二晚上我陪一众合作伙伴喝了顿大酒，晚上又加班突击搞材料到半夜三点多，后来来不及回宿舍换衬衫，就只能穿满身馊味并且很多汗渍的白衬衫和几个月没干洗的西装上衣仓促上阵。早上 6 点打车去广州开发区彩排，整个脑子是浑浑噩噩的，喝了两罐红牛也不顶用。如果是在几年前，这种状态会让我崩溃。但是我这样想：就像喝酒一样，我需要知道自己的底线在哪里。那如何知道自己的喝酒底线在哪里——喝吐了就知道了。

同样的道理，我也要知道我在多差的身体状态和精神状态下会出现演讲失败和全线崩溃，所以这是一次宝贵的探知我演讲状态底线的机会。于是我还是昂扬斗志上场了，结果是这次表现并不太好，应该是平时状态一半左右的发挥，但是身体和精神都还没崩溃。于是我通过这一次的经历至少知道了我的潜在水平。很多朋友会问我为什么能控得住场。每到这时，我其实都会回答：你如果经历过几次那种很差状态的公众演讲，你就会知道自己的底线，然后就知道在自己好的状态下，一定不会滑落到那种最差的地步，这样你当然对自己的发挥有把握，自然而然举手投足都是自信了。

所以我们要这么看问题：我们的工资不仅是账面工资，也包括公司提供给我们的这些锻炼机会以及随之而来的紧张、压力、压迫感与无助感，这些都是我们日后面对大场合时的心理资本。

再比如我每个月都面临一场向高层领导的汇报会，放在以前，我觉得这是一个巨大的压力和负担——甚至会心生逃避，会让我寝食难安。放在现在，我就觉得这是一场非常难得的演讲陪练会。每次汇报会，我和我身边的同事无外乎想得到的结果就是：领导的肯定和领导赋予的更多的资源支持。这都需要我能够在20分钟的汇报时间内触动领导的兴趣点，让这件工作的重点和价值全面地呈献在领导面前。这是多么难得的一次对我演讲水平的练习呀，而且是如此繁忙的高层领导陪我练习，我能够用演讲触动高层领导，就有能力触动更多的听众。所以这么一想，我反倒是能够兴趣盎然地准备这场汇报会了。

在你的工作中修炼得道吧

2018年年初，我的公司要对广州地区的13家支行召开一次誓师大会，人力资源部领导找到了我当主持，这其实是一场与我本职工作完全无关的额外工作，需要投入巨大精力，无疑增加了我很大的工作量。誓师大会的主持形式我还没有遇到过，结尾还有一个由我来领唱《团结就是力量》这首歌的环节，这两个较为新颖的元素吸引我接下了这份工作。在准备过程中，我接触到了誓师大会的导演，全面观摩了这次大会的整体策划和安排，学到了导演的专业思维；我接触到了人力资源部设计誓师大会的具体技巧；还接触到了如何撰写宣誓词。

当然，我自己也经历了一次与沙龙、晚会或者普通演讲完全不同的誓师大会活动。整场活动，我较好贯彻了人力资源部的"庄严、热情、向上"的要求，赢得了各级领导和同事们的广泛赞誉，为这次誓师大会增添了浓墨重彩的一笔。经过这一次，以后无论是做主持人还是中层干部，对誓师大会这种动员形式都能够游刃有余了，这就是我的收获。当然，我也有失去，准备誓师大会占用了我工作中的宝贵时间，也占用了我周六的休息时间。周六誓师大会正式举办的早晨，我6点就要起来准备，整个誓师大会的2个小时我全程站立，大会结束我解放下来后，顿时腰酸腿痛一整天，昏睡了整个下午。但与得到相比，我觉得失去是值得的。

所以我把这些当做公司免费给的演讲机会，我觉得这种演讲的能力和处理大场面的能力是会传到下一代的。

我父母是工人阶级家庭，表达能力很一般——就是那种碰到几个陌生人就不敢讲话的普通老百姓。父母用心养育了我，但是没有遗传给我太多表达方面的先天基因，所以只能后天刻意练习，我们这一代练习了，下一代就会耳濡目染。

所有人的工作和生活中都有当众讲话的机会，每次都是宝贵的练习机遇。珍惜工作中的免费公众演讲机会去刻意练习，这当然不能解决所有问题，但是能解决一部分问题，比如演讲技巧、普通话的口音和胆量问题，能够让我们喜欢上讲话、自信和流畅地讲话，甚至无论多么大的领导在面前，我们依然能如同在我们最熟悉的人面前讲话一样流畅、自然而且重点突出、令人印象深刻。

所以，作为一位普通人，我们要想在表达上得到提升，其实不需要花费巨资去报名参加各类演讲培训提升班，而是要珍惜你在工作中的每一次稍纵即逝的宝贵机会，珍惜你的每一次压力，每一次活动，每一次汇报，把这些工作和活动当做演讲来要求自己、提升自己，在工作中成就自己，在工作中得道。

第三章
细节

路漫且远
上下求索

如何让演讲左右逢源、大家爱听

公众演讲其实是有"杠杆"的!所谓的"杠杆"意思是:如果演讲者的话语得体、打动人心、大家爱听,就能够批量地结交朋友、批量地打动平时很难接触得到的领导和各方嘉宾,为自己广结善缘;但是如果话语不得体、伤感情,则会适得其反批量地"得罪"听众,导致自己的社交面急剧收窄!所以说,公众演讲的"杠杆"有"正向杠杆"与"反向杠杆"!每位演讲者都希望自己的公众演讲获得"正向杠杆",但是部分情况下往往事与愿违——公众演讲上一两句"糟糕"的话就能够把自己几年甚至十几年辛辛苦苦积攒起来的人缘损失殆尽,所谓祸从口出,不可不察!

我的一个反面案例

通过贬低 B 来表扬 A 造成局面难以收拾

有一次我按照上级领导的安排,应邀到我行北方某市的分行为该行的数十位处级、科级干部讲授"如何为科技企业提供综合金融服务"。

为了打开局面，"讨好"在座的该分行的领导和同事们，我在简单寒暄后，一开场就说这个分行服务科技企业很到位，不像我刚去的另外一个城市的另外一家分行，对科技企业提供的金融服务没什么概念，不成体系，属于中下游水平，过去几年做得都比较差，并且这另外一家分行所在的城市的科技企业质量也不高！我话音刚落，下面的学员们就开始窃窃私语，当地分行负责人的表情明显开始不自然，这些反常的反应让我意识到我肯定是说错了什么，于是讲了一个小时后提早了中间休息。休息时忙把演讲中心主任拉到一旁询问究竟后才得知：该分行的一把手和二把手都是来自于那个城市，一把手和二把手对那个城市有很深的感情并且二把手还在那个分行重点推动过"为科技企业提供综合金融服务"的工作。

这让我顿时无所适从！

于是下半场的课程各方面都很尴尬，我精心准备的后面课程很难再讲出效果，我的激情也很难调动起来！听众们因为已经被我伤害了感情，所以也很难提起对我的好感！

这次经历给了我一个很重要的启发或者严重点讲可以称为"警示"——就是在公众场合，即使为了抬高一方人，也不能贬损另外一方，这有可能会得不偿失，并且很难弥补！这样的例子很多，比如在公众演讲中，为了表扬和赞美一个城市的干净、卫生，就对比着说另一个城市脏、乱、差，有可能还会添油加醋，为了说明一个部门工作效率高，就在演讲中提到另一个部门的效率太低等等！这些说法都会让我们在得到一批听众的同时，得罪另一批听众！并且没有被得罪的那批听众也可能会在心底认为演讲者缺乏尊重之心！

我的一个正面例子

表扬人须兼顾方方面面

再举一个我自己最近的正面案例。

在上级金融科技部、A开发中心、B开发中心、普惠金融部和住房金融部门的大力支持下，我所在的分行"互联网抵押登记系统"上线成功，带来很大的人力节省！

后来，我在上级公司组织的一次经验分享会上有经验分享的机会，这当然要提及感谢。我是如何感谢的呢？

请见如下一段话：

尊敬的各位领导、各位同事：

大家上午好！

非常荣幸能够在此向大家汇报一个好消息——在某信金融科技深圳事业群、某信金融科技厦门事业群、省行金融科技部、普惠部和房金部的大力指导和帮助下，近期，我行东莞市分行与不动产登记中心成功联合举行"东莞市不动产登记便民服务点"揭牌仪式，标志着东莞分行成为全省首家真正意义上采用银行系统对接不动产登记中心接口模式上线的分行，实现了将不动产抵押登记受理权限从不动产登记中心办事窗口延伸到银行一线窗口，充分利用线上审批模式，让客户"零跑腿"。这既得益于金融科技深圳事业群、金融科技厦门事业群、省行金融科技部在科技开发上的大力支持，也得益于省行普惠部、省行房金部的项目牵头运作和多方协调，还感谢很多我未能一一囊括尽述的公司，感谢你们的真诚付出,感谢大家对一线的全力支持!

这个互联网抵押登记系统,我分行率先在当地同业上线!还有金融科技各项战略指标在当地的业绩长虹。我们大数据的牢固支撑和巨大能量释放,这些都源于我们背后的依靠!

东莞分行背后依靠的是全省科技、大数据开发与分析大资源,更是全国我行金融科技发展战略!

在东莞当地政府、监管机构、银行同业和客户看来是东莞分行这个窗口的高效,实际上他们很难意识到的是东莞背后太多省行金融科技条线的领导、同事们,还有深开、夏开的领导和同事们,省行普惠部、房金部等各部门的领导和同事们连续5个多月——特别是最近三个月时间不断地加班,牺牲了宝贵的节假日!

直到十一假期前最后一周,我们可敬可爱的科技人员还在办公室加班,持续到半夜,直至用座机打电话询问我们问题我们才知道,我们大为感动!

采得百花成蜜后,为谁辛苦为谁甜?

这个系统上线后,能够为东莞分行节省大量的人力,带来增量人力资源,增量业务发展,增量助力实体经济,特别是现在90后乃至00后都快进入到工作岗位,这种抵押登记的高强度的重复劳动的确也不适合他们这些新新人类,传统抵押任务的管理难度很大,急需高科技的手段来支撑和替代重复性抵押登记劳动。所以从某种意义上来讲:科技人员是隐形的人力资源部经理!

这的的确确极大地节省了我们的人力,太宝贵了,让我们能节省下来时间更多地去办理业务、冲击市场,这就是金融科技的力量!

各位领导、同事们的每一天加班，都能够让我们的一线同志接下来不用加班，或者节省出相当于科技条线人员加班时间的万千倍用来冲击市场！

向科技人员致敬，向科技创新致敬！

采得百花成蜜后，您担辛苦我享甜！

感谢，再一次感谢各位领导、各位同事，还有很多我没有尽述到的部门，感谢你们的默默付出！

你们是我们的英雄！

上面这篇经验分享稿子，经过了我的认真、反复、用心修改，重点是让在场的各个部门、各个方面的领导和同事们都非常舒服，整个经验分享会结束后，各位领导、同事主动走过来找我打招呼，很多我此前完全不认识的领导和同事主动加了我的微信。大家认为我既对科技力量认识得非常充分，也认为我对各部门在整个系统开发过程中的作用认识得非常到位、有感恩之心。无论是科技开发部门还是业务部门都很开心，觉得很受用！

其实，在我的这篇讲稿里，我还特别删除了一段话，因为现场还有其他省行系统内的二级分行，他们因为种种原因，没有成功上线互联网抵押登记系统。我行金融科技部给我拟的稿子里面，提到了其他二级分行没有完成任务，撤回了需求的例子，我看到之后不假思索地就删除了，因为这会很伤害其他二级分行的感情，这就涉及到了公众演讲中的大忌——表扬自己、贬低他人！

我删除的这段话如下：

其他二级分行采取的是不需要开发的快捷方式，往往一周内就能实现。正是因为不需要开发，所以无法实现系统与系统的对接，仍然依赖人工录入与复核，所以导致不能实现真正意义上的自动化的不动产抵押登记，很多只能停留在宣传层面，实际使用的功能受限。我行采用的是"笨功夫"和"慢功夫"的开发方式，需要投入大量的人力物力，累计开发的时间长达七个多月，并且涉及到总行、金融科技深圳事业群、金融科技厦门事业群和省行金融科技部进行密集的需求联动与功能测试，所以耗费了大量的时间，但是功夫不负有心人，我行实现了真正互联网意义上的自动化抵押登记，效率要比前者的简单网页版高出20倍以上！虽然部分二级行实现了系统的对接，但仅仅是实现了简单的查询功能，没有实现自动化的互联网抵押登记的全流程功能嵌入对接。

现在看来，这一段话删除的太正确了，否则我就会被千夫所指！

左右逢源、人见人爱的魅力演讲应该注意的要点

从以上的几个例子可以看到，讲话内容的取舍是多么的重要。细细想来，如果能够遵守以下规则，在很大程度上能够减少我们在公众演讲中得罪人的几率，更大程度地提升我们公众演讲打动人心的程度！

（一）少讲贬低其他组织或者个人的例子，如果一定要，请把负面"主角"说成是：某个城市、某个公司、某个人，也就是用虚指，

切忌"指名道姓"。

即使是私下场合，不是原则性的大是大非问题的前提下，贬低他人、抬高自己也会被人所不齿，而公众演讲更加会放大这种负面效果，不可不察！损人的言语是暂时的，但是自己失去的是永远被人看轻的人格。

（二）提前了解听众的忌讳。

每个人都有自己的隐私和秘密，还有自己的民族习惯、地域习惯等，很多的公众演讲可以提前知道听众具体是谁，或者是哪个方面的听众，也就有利于我们提前做功课，了解这些听众或者他们所从事的工作或者社会环境、交际圈中的一些禁忌，避免在不知不觉中伤害了听众们的感情！

（三）公众演讲时，可能会有提问题的环节，一旦对方问题让自己有负面冲动情绪的时候，尽量先不回答这个问题，而是先思考下，平复情绪后再回答这个问题。

当我们要在公开场合回答问题并被提问者触怒的时候，会在短时间内出现烦恼、忧愁、气愤等情感，会不由自主地用激烈的言辞来和对方理论，以此来发泄自己的不满情绪。这样很容易因为口无遮拦、不加思考激化矛盾，并且提问题的人也可能会"反唇相讥"，这样就会陷入到难以控制的论战中，在此过程中还可能会得罪周围的不相关人士，严重的还会引发一些不必要的冲突。所以在自己情绪不稳定时尽量少说话或者不说话，而是告诉提问者：这个问题留在最后，经过我的认真思考后再回答；或者说演讲后我用更多的时间和您详谈！

（四）抱怨的话不要在公众演讲中说。

有的人经常对这个不满对那个不满，总是抱怨公司、公司领导或者同事等，很容易让人觉得你解决事情的能力很差，而且有搬弄是非的嫌疑。如果把这种抱怨搬到公众演讲中，不仅会浪费听众们宝贵的时间，也会让听众觉得演讲者小气，不敢做演讲者的朋友了。

（五）不要在公众演讲中表现出"我比你高明得多"，甚至用居高临下的姿态对听众品头论足。

几乎所有的听众都不喜欢演讲者高高在上。即使是伟人演讲，听众也往往更能够被伟人的和蔼可亲所打动！所以演讲者在公众演讲中切记摆正自己的位置，非不得已，务必少用"居高临下"的口气！

（六）在公众场合，更要多说别人——特别是不在场的人好话和优点。

要主动发现我们身边的人的优点，当这些人不在场，我们的演讲又提起他们的时候，尽量多说他们的长处、优点，这样演讲后我们的好话、善意的话就会更多地传到他们的耳朵中，也会给在场的听众很多好印象！

（七）表扬、肯定、鼓励的时候要照顾到在场各方的感情，不要漏说其中任何一方，也要适当提及虽未到场但有贡献的组织或个人。

就像上面的例子中提到的，如果在座有很多部门和很多领导，单独感谢其中一个或者几个部门的一位或者几位领导，难免让未提及的人感觉有点怅然若失、索然寡味。其实现在各项工作都是融合在一起的，所以不妨多感谢各方，不要遗漏。即使在当前谈及的这件工作上，部分出席的部门和领导没有直接支持和贡献，也可以说：对某某部门、某某人一直以来对此事的关心和支持表示一并感谢，相信以后还有更多工作会得到在座所有公司、领导一如既往、不遗余力的鼓励、关心和支持！

（八）要学会在公众演讲中随时察言观色。

察言观色从来都不是一个负面的词汇，而是积极的词汇，意思是要在公众演讲中随时随地观察听众的反应，一旦自己的演讲让大家面露不悦、疑惑等神情，要及时发现，及时终止这个话题，调整到更适宜的话题，进行有效的弥补。

（九）分清楚我们要讲话的对象，说能被听众接受的话，说照顾他们感情的话。

举个例子，如果听众是需求比较直接的人，就往往更注重实实在在的产出，所以直接跟他们说做了这些事情会有什么好处；如果听众是弱势群体且自尊心比较强，跟他们讲话就要谦和一些，多给尊重、多体现出我们谦让和礼貌；如果是听众是特别强势的人，则可能喜欢直来直去，演讲者干脆就直接说事儿，别绕弯子；对于学历不高、阅历有限的听众，演讲者可能就须主动降低自己的标准，按照他们的理解和思考水平来沟通；对年长者，要适度地和他们一起回忆往昔，感谢年长者做出的卓越贡献……诸如此类，不一一烦举。

你需要对你演讲的内容
深信不疑

　　演讲不是为了演讲而讲，也不是让你虚张声势地表演，演讲的最终目的是要传播思想——所以好的演讲不仅要讲究表情管理、表达技巧和肢体语言，关键的关键是要使观众们相信演讲者所讲的话题，认同演讲者所讲的话题背后的道理，用正能量影响观众，说服大家，触动观众内心最柔软的部分，进而促使大家行动起来改变这个世界。这以上的一切前提是演讲者自己相信自己所讲的内容，才能够真诚的传播。

　　如果你对你的内容不相信，只是为了应付演讲本身，只是用技巧堆砌，即使你的嗓音再迷人，肢体语言再有力度，那也是不可能表达出感情的，也不可能真正地感染群众。所以你需要对你讲的内容深信不疑，并且相关结论应该是你自己思考得出的。

　　实际上演讲技巧只是外在的技巧，是"术"。比如我在后面的章节里将讲到排比句对提升演讲气势的作用，这一招当然好用，但前提是你相信你所讲的内容。如果你自己都不相信自己所讲的内容，只是凭空套用排比来营造出气势恢宏的感觉，那么在观众的印象里只能是空有气魄、没有灵魂，演讲变成了表演和娱乐，听过演讲后没有所获，索然无味。这显然不是好的演讲，显然只有"演"，没有"讲"。

所以演讲者需要对自己所讲的内容深信不疑，那么你的表达情感就会自然而然地从你的话语中、肢体语言中流露出来，这是假装不出来的。相信你所表达的观点，进而才能用心去找到你表达观点使用的故事——即使是你日常生活和工作中的直接体验，如果你带着情感去说，仍然会让人们心生共鸣。

我在举办科技金融沙龙中常用的一个故事，就是我每天晚上下班后用微信视频与我2岁多女儿视频通话的真实经历。每次与远在甘肃的女儿视频通话，虽然我们相隔3600公里，但是我依然觉得我们父女之间近在咫尺。通过这个经历告诉大家科技如何进入寻常百姓家，成为我们生活中的点点滴滴，成为我们情感的一部分，所以科技不是高高在上的，而是有温度的，科技是每个人生活中的柴米油盐酱醋茶。

这个例子每次说起来我首先都会感动到自己，进而饱含深情地把这个故事说出来——感染观众，使观众留下深刻的印象。这是因为我不是在讲故事，而是在讲我自己真实的体验和思考，是我自己的真情实感，说起来自然饱含深情。

我周围有一位朋友，在演讲时愿意举一些马云、乔布斯等名人的例子，用来印证努力的重要、眼界的重要。这些人离我们比较远，这位朋友直接把这些名人的奇闻轶事拿来做论据，也不加以进一步解读，让观众们感觉他的演讲就不接地气、不太可信，太过假大空。

举以上的例子是想说明如何确保我们对自己所讲的内容深信不疑！演讲最重要的一项技巧是要讲真话、讲自己的心里话。演讲的本质是充分思考的表达，是真挚感情的倾诉，有了这两点，你的演讲就会不一样，就会充满感染力。这需要自己不断地思考，自己懂了，自己相信了，自己融入了思考和情感在这个例子里，才能将这种真实的思考和情感传递给我们的观众，才能够让观众对我们的所思、所讲深信不疑。所以，演讲的稿子最好自己撰写，融入自己的理解；如果确实忙不开，需要他人代笔，也建议你与代笔人有深入的交流。

　　演讲需要我们在组织演讲内容的时候多选取那些我们真实经历过的事情和情感，或者至少选择我们身边的人经历过的事情，那些我们能够体味的真实感觉。如果确实要选取那些高大上的例子，建议也要经过自己的真实解读，要以自己的眼光，用自己生活和工作的感悟将这个高大上的例子解读得"接地气"，解读成自己"懂得"的例子。

　　在此基础上，我们再加入肢体、语气、相关辅助设备的技巧支撑，就会更加完满。

　　总之，好的演讲，首先是情感和真实，其次才是技巧。如果您是一位真诚的人，那就应该首先把你的演讲内容写得很真诚，在此基础上那么您的演讲就已经首先成功一半了！

拿对话筒演讲成功一半

很多朋友对这点建议很意外——怎么可能是话筒呢？是的，就是话筒。很多种演讲的场合，多半是要手持无线话筒的。从我的经验来看：缺乏公开场合演讲经验的初学者自然会非常紧张，紧张的明显表现就在手握话筒的状态上，问题如下：

（一）手握话筒的位置离麦头非常近；

（二）双手紧紧掐住话筒；

（三）下意识地用麦克风挡住自己的嘴。

这三个可能的肢体动作再加上演讲者飘忽不定的眼神就基本锁定了演讲者的整体形象，那就是——拘谨和不自信；这三个可能的动作实际上也给演讲者"我很紧张"的心理暗示，于是雪上加霜。

所以初学者演讲一开始要练习的就是握对话筒的位置，可以试着注意以下几个方面：

（一）手握的位置在无线话筒靠下部的位置为好，越靠下显得越自信。但是有的话筒的最下部分是收音天线，如果手握住了，会阻挡信号发射，所以这一条要以不阻碍信号接收为前提；

（二）单手握话筒，不要双手紧握。握话筒的力度适中就好，不要非常用力地紧握，也不要随意换手，这会打断观众的注意力；

（三）避免话筒挡住自己的嘴唇；

（四）话筒与嘴部的距离适中，麦克风与嘴的距离一般在一拳左右，过远声音会比较小，过近音响会出现破音；

（五）正式开始演讲后，特别是所有在场人员已经开始关注演讲者后，演讲者不要通过"拍话筒""吹话筒"和对话筒说"喂"字等手段试验话筒是否有声音——特别是第一个演讲汇报者，通常都会有这个动作，这会打破现场氛围，使演讲者的行为看上去很不优雅。

（六）有的演讲比赛中使用的是站立式麦克风，也就是不用演讲者手持麦克风，而是有麦克风架的。如果你此前练习的演讲是手持麦克风的形式，那么这个时候你的另外一只手就无处安放了，因为你已经习惯一只手拿麦克风、另一只手挥动了。所以建议您提前和参赛的组委会沟通好，能否换成你熟悉的手持形式。如果最终只能使用立式麦克风的话，还要注意一个问题：因为每个演讲者身高不同，所以大家都需要调节立式麦克风的高矮。我之前就遇到了类似的问题。之前的一位演讲者和我的身高有较大的差距，又没有工作人员调整麦克风，上台之后就只能由我来调整麦克风，这就打破了整个演讲比赛的连贯性，也影响到了我的整体发挥。所以在此之前要向参赛的组委会进行明确的要求，也就是要有工作人员根据不同人的身高，事先排好演讲顺序；或者说大家差距都很大的情况下，多准备几个不同高度的麦克风架；再或者是现场有专业的工作人员在上下场的空档、串场时间内进行迅速调整等。

当然，演讲不是单纯的理论，而是实践的艺术。以上这些技巧需要反复练习才能更好地掌握。

演讲的 PPT 运用技巧

现在的演讲几乎都要搭配 PPT 的使用，我也是如此。在我成百上千次的 PPT 演讲中，我渐渐有了些许体会，与大家分享如下。

（一）**PPT 不要过于繁杂**。演讲者要始终记得：一场演讲的成功与否，人是核心，PPT 不是核心。PPT 是为人服务的，但是很多人却搞反了。很多人站在台上只是机械地读 PPT 文档，没有感情、没有活力，整个人站在讲台旁，舍不得离开半步去说点 PPT 上没有的东西。这注定会成为一场了无生趣的演讲。PPT 的作用是辅助演讲者更好地进行演讲，而不是将观众的注意力更多地吸引到 PPT 本身。PPT 本身当然可以丰富多彩一些，但是过于繁复和醒目，文字过多，会使得大家集中更多的精力去读 PPT 上的文字。但人的精力是有限的，这样观众就没有足够多的精力和视线来更好地听你的话、来欣赏你的肢体语言。所以演讲的 PPT 还是以高度提炼的内容和图片来勾勒出整体的大纲会比较好。这也要求演讲者与 PPT 制作者事前有充分的沟通，最好是演讲者自己亲自制作 PPT。

（二）**PPT 上的动画要适可而止、恰到好处**。有的人喜欢在演讲中播放 PPT 动画，这一点要非常的谨慎和小心，除非事前进行过充分演练，否则建议少用动画。因为动画是要耗费几秒钟的时间去展示的，而动画如果和整体的演讲内容不是特别相关，那么实际上就形成了 1 到 3 秒左右的一个冷场，一般没有演讲经验的人要等动画演示完毕才能进行下一个动作，这段时间会令人感到十分漫长，这非常大地影响了演讲的连贯性。

（三）PPT 基础颜色和整个服装颜色的搭配。这一点是很多人都忽略掉的。一般如果你准备穿深色的服装那么建议你的 PPT 背景颜色就是浅色的，这样就能形成深色和浅色一个较为明显的对比，能够突出本人。反之则亦然。总之就是要起到突出人的作用，而不是把穿衣颜色和 PPT 的背景融合在一起，人就淹没在 PPT 的背景颜色当中了。

（四）PPT 演示笔的使用。再说一下 PPT 的演示笔的问题。我接触到很多的演讲，包括一些推介会和路演，主办方在准备过程中都忽略了演示笔的远程遥控问题，所以很多时候演讲者都会遇到演示笔要反复按几次的情况，这对演讲的连贯性有非常大的影响，很多演讲实践经验不丰富的人经常会下意识不断地自嘲说这个演示笔可能出问题了，稍等一下，不好意思。或者干脆站在那里，这使得演讲的观感瞬间变差。所以我建议：最好能够在演讲之前认真检查演示笔的连接状况，不要把展示 PPT 的电脑端放在离你的舞台很远的地方——比如场地后面的控制台，尽量放在舞台的展示桌或者发言席上，这样就不会发生因距离过远信号微弱的问题了。其次无论演示笔顺不顺畅，都要持续地说下去，不要被小问题打断你流畅的表达。

（五）PPT 内插入视频的形式要谨慎使用。在过去几年的时间，我遇到过几十次在 PPT 内插入视频进行播放的路演或者演讲，但视频能够顺利播放的只有十分之一不到，大部分都无法播放或者没有声音或者需要等待很久，极大地打断了演讲的流畅性，甚至造成非常尴尬的局面。有鉴于此，即使从统计学意义上来讲，我也特别建议您高度谨慎使用这种成功率不稳定的 PPT 视频播放形式。

演讲的气场

是的，气场真的存在

气场这个东西有点玄妙，看不见摸不到，但是却又很明显地存在于某些人的身上——有些人就是具有那样特殊的气场，瞬间能够抓住周围的人。比如：有些领导讲话不怒自威，会议还没开始，一走上台，全场肃静，这样的领导讲话时铿锵有力、掷地有声，即使碰巧感冒了，也往往能够使所有人屏气聆听，这就是气场。

演讲或者主持其实也是同样的道理，人都是差不多的，人穿的衣服也都差不多，个子和外貌其实也没有太大的区别，但是有人上台，甚至还没有讲话，只用眼睛轻轻一扫全场，全场观众就会瞬间鸦雀无声，这样的人也就是我们通常所说的能够压得住场，这种气场能够给演讲、主持或者产品推介带来很大的好处，令观众印象深刻，令活动高端、大气、上档次。

我的气场成长经历

那么如何提升演讲或者主持的气场呢？我想还真的不能靠"硬装"，因为气场这个东西是自内而外自然而然散发出来的，靠的是生活的阅历和在多个大型场合不断的锤炼。如果见惯了大场面，自然就气定神闲、气魄凛然了。

因为爱好的关系，我保留了过去几年参加过的主持、演讲、产品推介会和内外部演讲的视频。闲暇时我仔细地回顾了一下这些视频，发现一个明显的现象：我还是那个物理上的我，但是随着岁月的流逝、参加活动的日益增多、见识的更加广泛，我的气场也在不断地增强。

就拿最近一次我被老领导拉去帮忙主持活动来讲，我一早爬起来花了两个小时突击准备，那一天出席这个活动的领导级别不算低，有一位副省级城市的市长，还有这个城市几位局长，也有我所在公司一把手和公司总部的副行长。如果是放在几年前，我会紧张得要死，走上台都要鼓起勇气，别说压得住场了，我的眼睛肯定是不敢直视这些领导的，更别提能够脱稿主持了。

所以，当主持者觉得观众的气场十分强大的时候，演讲者的气场和能量会不由自主地"被减少"，这其实是主持人的大忌。主持的精髓和使命就是不论台下坐的是多么厉害的人物，甚至是"握住自己小命"的领导，主持人自己都不能够被这些光环和威严所吓倒，而是把他们当做普通的观众，用自己饱含深情的眼神，用自己的肢体语言，用自己昂扬向上的话语，用自己的能量和气场抓住每一位听众的目光和内心，触动在场每一位观众内心最柔软的部分，使自己成为全场活动的核心之一，大幅度提升整个活动的层次，让听众们折服。这也是主持人在一场活动中的崇高使命！

在台下，主持人回到普通人的角色时，应该谦卑和内敛；在台上，主持人就应该热情奔放、活力四溢、气场夺人！

主持人的这种使命，我在几年前是无法高质量完成的，因为当时见识少、感悟不多，上台主持或者演讲，顶多就是通顺地背诵稿子，虽然有感情，但是也被紧张所冲淡了，越是有大人物来的场合，就越是被无情地压着，总是不能发挥得很好。

在最近一段时间，特别是最近一年我在各种活动和场合见到过各级领导，参加的重大场合也多了，天南海北跑的也多了，也就不觉得大人物有多么可怕。其实大部分人都是和蔼可亲的，只不过普通老百姓和普通员工总是发自内心地惧怕领导，其实任何层次的人作为一个听众时只是希望被打动，希望看到饱含热情的主持、充满能量的活动，也希望被俘获住内心。

所以仔细地审视一下自己，最近两三年，我在台上的气场确实是要大很多，至少不会畏惧各级领导，无论是谁坐在台下，都可以视作普通人，且能用眼神抓住他们、打动他们、征服他们。

在这样的心理状态下，有时候我参加演讲等活动，稿子也不写了，因为我不紧张，也不害怕台下坐着的人，所以能够真正流畅地表达出我自己当时的所思所想，胸有成竹地走到台上，虽然张口后才知道自己要讲什么，而且我自信我讲的不会出大错，自信自然带来气场。

其实演讲时，不把领导当领导，可以消减大部分紧张，也就有气场了——甚至很多情况下往往人越多越兴奋、领导越大越兴奋。领导的官职越大，现场的场面越大，观众越多，自己发挥得就越好，气场就越强——也就是遇强则更强，进入到了气场健康提升的正向循环当中。

气场的真正源泉

　　我要真正表达的是这些其实都靠历练和阅历的，就像我回顾从小到大的经历一样，我和我周围的一些同学，从小到大就愿意举手回答问题，愿意参加各项活动，愿意冲在最前头，愿意在公众场合去讲故事，所以自然而然的机会就多，见更多大场面，有更多的场合去"犯错"、去总结、去提高，气场也就更大，这样达到了正向循环。而那些从小就不敢张口说话，怕犯错、怕出丑，不敢往前迈一步的同学和朋友，自然就离各项活动、各种场合越来越远，没有足够的经历，气场就不可能培养起来，阅历也就不可能变得更多，那么当必须要上台主持或者演讲的时候就很难压住场，更别提这种无形的气场了。

　　所以说提升气场要从小开始，要从身边任意小事开始。不仅是你，如果您有孩子，那么鼓励他多参加各种各样的活动吧，没有一口吃个大胖子的，只有你参加了小活动，才有可能更有自信地参加大活动；只有你参加了今天的大活动，才有可能参加明天更大的活动；只有今天你不害怕你的部门领导出席的活动，你明天才能不会害怕你总部领导出席的活动，后天才不会害怕省长出席的活动。

　　在这里我分享一个小故事做为结尾，前段时间要搞一个大型活动，我和我们科的几位同事一起去看场地，广告公司的一位老总问我们，这个活动是会有副省长出席的，那么你们要不要准备一些高级安保或者是保镖之类的，我们异口同声地表示我们最近一年总见到副省长，副省长很和蔼的，不需要如此安保。说完我们大家就都笑了，我们自己突然意识到，我们科的各位同事还真的就是每个月都能见到副省长、厅长、总行的行领导，或者是外省市的市长、副市长，所以也就不觉得领导是多么的高高在上了，自然是每个人自带气场就强了。所以要提升自己的气场，就一定要迈出那关键的一步，克服内心的恐惧，不要逃避各种活动，你会发现自己的能量密度偷偷增长，水涨船高。

公众演讲时只讲三点

我们中国人有一句俗语："事不过三！"同样，演讲中也有一个"事不过三"的规律！

还记得我入职后参加的第一演讲比赛，规定的时间是 8 分钟，演讲主题是"在自己的岗位上燃烧青春"，我为了充分阐释主题，讲了很多方面的内容，包括：青春是火热的、我所在的岗位是做什么的、我遇到了哪些挫折、我如何战胜的、我现在又有哪些成长、我最新又接受了哪些挑战等等。演讲比赛结束后，我获得了第二名。专业老师评价我说：讲得都非常好，有热情、语气表达有感染力，美中不足的是我演讲中的"点"太多了，所以每个"点"都没有充分讲透，整体的内容的感染力就逊色了一筹；反观获得了第一名的选手，只讲了三点——我青春、我战胜挫折、我成长成熟，非常清晰有力，有充分时间说清楚并渲染每一个"点"，整体内容上就显得重点突出，令观众印象深刻。

正是从这个时候开始，我对"演讲只讲三点"有了较为深刻的认识。后来我发现很多公开演讲的高手都秉承了这条规律。很多讲起来洋洋洒洒一大篇，一讲七八点的人，往往难以引起观众们足够的重视。

很多情况下，我们想在有限的时间内尽可能多地表现出我们用大量精力和时间做出的努力。所以我们企图在最短的时间内输出最多的信息。但是，根据我的实践经验，几乎所有情况下，无论你的听众是学富五车的智者、高瞻远瞩的领导还是毫无准备的路人，他们对台上滔滔不绝的演讲其实记不了那么多。

无论我们的演讲有多长，内容有多复杂，我们的观众都有一项神奇的技能，就是用几句话就把我们"鸿篇巨制"的演讲轻描淡写地化为他们几句话的口头语概括。不信你可以尝试着在每次演讲后的数分钟内问一句听众你讲什么了，他们一般几句话就能概括出你讲的内容；如果过一天问他们，他们用不超过三句话就能概括出来；如果过一周再问大家，大家甚至能用一句话来概括他们的收获。

所以我们会惊异地发现，无论我们多么努力，给我们的时间有多长，我们的观点有多少，我们的论据多么的丰富，我们能够让观众记得的真的就只有那么几个观点。区别就是，有些演讲让观众记住了这几个观点；有的人长篇大论、洋洋洒洒、旁征博引，却搞得观众不知东西。

为什么这样呢？

就是因为我们作为主讲人，太过于在意我们的劳动成果，而观众作为旁观者，只记住他们感兴趣和能记住的。

基于这个规律，我们应该把时间花费在能够引起大家兴趣的方面，因此我们的观点就不能太多。因为第一是时间不允许，第二是观众们只能最多记得牢三个观点。一旦你的演讲超过了三个观点，大家的大脑就会自动过滤掉后面的内容。更要命的是，因为你把宝贵的时间浪费在了零散又繁多的论点上，就没有足够的时间去保证重要论点的质量，导致整篇演讲都很寡淡，无法在任何一个部分引起观众的兴趣，这真的是得不偿失。

还有的朋友虽然头脑里有"只讲三点"的观念，但是他们自己骗自己，也愚弄观众，因为他们虽然列出了三点，但是每一个论点下面又分了好几个关系不大的小点，这实际上是偷梁换柱，根本就不止三点。

所以，朋友，你一定要相信，在一个非严谨学术型的演讲中，你一定不能讲超过三点，即使你认为第四点特别重要，但总是能够排出先后顺序的，排序后，你就需要狠心地把第四点剔除。如果你说你真的无法剔除，那么我相信你确实还没有想明白你真正的观点，请再想想。

脱稿表达
更能征服你的听众

您有没有试过在完全没有主持词的情况下上台主持？

有没有试过在没有演讲稿的情况下上台演讲？

有没有试过在没有提纲的情况在路边去发表自己的见解？

如果有的话，那么无论您讲的如何，都是值得赞扬、勇气可嘉的。

如果您没有这方面的经历，也很正常，我们从即刻起努力尝试。

脱稿表达见真情

我在 4 年以前也完全没有这方面的经历，一直认为对照台本主持、背下稿子演讲、按照提纲来发表见解是再正常不过的，没有第二种方式。

但是因为阴差阳错的关系，我被迫脱稿表达了几次，一开始是被动地仓促上场，内心无比忐忑紧张、无所适从，后来经过了大概三四次的熟悉，自信和习惯慢慢建立，渐渐地愿意去主动尝试，发展到现在感觉已经能驾轻就熟了。

从某种意义上来讲，能够脱稿地主持或发表自己的见解，很大程度上能够给观众或者听众真实、生动、感人的体验，而不是"照本宣科"式地把纸上的文字读出来。

脱离稿子，说出自己的真实所想，才能够真正地释放自己的身心，把我们自己的所思所想与我们的眼神、肢体语言、口头语言融合为一体。

总而言之，脱稿是能够提升我们表达效果的利器。

我的脱稿成长经历

（一）脱稿授课

过去的两年里，我相继到我行的全国各个分行和广东省科技厅、广东省知识产权局、海南省科技厅等多个公司讲课。听课的人员多的时候有六百余人，少的时候也有几十人。

从第一场讲课开始，我就尝试全程脱稿站立讲课。在天津的讲课全程为 4 个小时，我没有安排 PPT，而是设置了几个视频来佐证我的授课内容。

随后的几次讲课，我又开始尝试现场连线，让异地先进人物做为授课案例佐证的方式。总之，这多次演讲，我都没有用 PPT，没有对稿念，而是从头站到尾，采取脱口秀的方式授课。

这种演讲获得了空前的成功，我的脱稿表达能力也有了巨大提升。

脱稿授课与其他类型活动的脱稿表达都不相同，讲究与现场学员们的充分互动，在短则 1 个小时，长则 4 个小时的时间里，要始终用内容、语气、互动等多种形式吸引学员的注意，否则脱稿授课将会变得很尴尬。

这一段时间以来的脱稿授课给了我充分的锻炼，期间也经历了一些不出彩、学员注意力不集中、我对现场失控的局面，但越是这种经历，越丰富了我的多方面经验，每次授课结束后，我都会回放全程录像（每次我都会带着摄像机来全程记录）来仔细分析我的授课表现，及时总结不足，做好下次提升的准备。

（二）脱稿主持

2016 年 8 月，公司领导交代我牵头落实一项长期工作，就是每两三周要举办一场较为专业的科技金融沙龙活动，来进一步提升我所在公司的科技金融影响力。

系列沙龙活动有很多组成要素，其中最为核心的一项就是主持人。

领导要求沙龙一定要有档次、有规格、有情怀、有温度、有深度，主持人的作用自然就很重要。于是我通过多方渠道找到电视台和专业的广告公司招募主持人，当然人家的水平很高，但是也很贵，一般电视台的主持人一场活动要 3 万元以上，顶级的主持人甚至要 10 万元。通过广告公司或者专业的沙龙策划公司招募到的专业主持人最低要价也要 1 万元，我们的沙龙预算是完全负担不起的。我在公司内也面试了一两位同事，当然水平是很高的，只是对科技金融方面不是太了解，难以投入那种热情，仍然是照本宣科式的主持。

预算到还在其次，更关键的是也请公司领导面试了 3 位主持人，领导都不太满意。领导反复强调：主持人是灵魂，不仅要普通话好、字正腔圆，更重要的是理解科技金融，要有温度和情怀，不能是张口就走流程的"晚会主持腔"。

后来实在没办法，时间上也来不及了，我一狠心，硬着头皮自己直接上了。

第一场沙龙，我既要肩负沙龙的策划和协调，又要邀请出席领导，联系科技创新企业，联系外部赞助，还有场地布置，多方衔接等，一直没有时间写主持词。

记得第一场沙龙安排在下午，中午的时候本来想写主持词，结果发现大量的环节出现差错和漏洞，于是只能硬着头皮去亡羊补牢、查漏补缺，沙龙开始的前半个小时，又是迎接领导和嘉宾的繁忙时刻，更没有时间处理主持词的事情，实在是应接不暇。

好在我平时工作的主要内容就是科技金融相关，对于科技创新企业、产品和理念都比较熟悉，整个活动我也参与了全程策划。所以所有领导都到齐后，虽然没有主持词，我也只能一狠心、硬着头皮上台了。当时还有一个小插曲，就是本来有一个印着出席沙龙的领导与嘉宾资料的小纸条，在我忙乱中丢失，等意识到已经来不及了，只能凭借着记忆来介绍出席嘉宾。

在上台前的十几秒中，我的脑子一片空白，几乎无法正常站立。上台的那一刻，我真的非常非常紧张，心脏都提到了嗓子眼。但是只要一开口——是的，只要一开口，我就意识到开弓没有回头箭，必须把该说的话全部说完。

沙龙一开始我谈了对科技金融的理解，谈了金融机构如何在支持科技创新企业成长中来体现自身的价值，谈了科技创新企业成长和发展的不易。这些说完了之后，我的紧张得到了缓解，我的真诚也初步打动了在座的各位领导和观众们。于是我开始介绍出席沙龙的领导和嘉宾——好在当天出席沙龙的领导与嘉宾不算多，只有八位需要介绍，其中有五位是外部领导，但是我都比较熟悉，所以我凭着记忆顺畅地完成了领导与嘉宾介绍环节。

做过主持的朋友们应该都有这种体会，就是只要开场顺利，那么接下来的主持就都会比较顺利。每个环节的主持词其实都可以临场想，每一个主持环节前面都有领导讲话或者节目演出。事实也正是如此，开场的顺利，增强了我的自信，接下来的各个环节受此鼓舞，也都很顺利，效果都不错。沙龙结束后，领导、同事和嘉宾们纷纷表示祝贺，认为我这次的主持很出色，给了大家不一样的感受，

整体来讲，这次活动获得了领导和同事们的肯定，他们认为是有真情实感的，不是照着稿子"走过场"式的朗读。我的眼睛因为没有盯着主持词，所以一直在与大家交流，同时没有主持词的羁绊，我能够自然而然地将肢体语言与口头语言紧密衔接，促使我的感情更好地释放。

后来我又复盘了很多次这场脱稿主持活动，其实本质上也不是完全脱稿，因为我已经深度地参与了这次的沙龙筹备活动，在日常工作中对科技金融和科技企业确实有很深的感情，这些都是真实存在的，而不是编造出来的，所以我走到台上就能说出我的一些真实体会，释放出真实的感情。表面上没有稿子，但实际上在平时的工作中已经打好腹稿了。

那次沙龙结束之后，在我脱稿主持历程中，还是有不少挫折与坎坷，并不都是一帆风顺，有时说错话——甚至是有长达几秒钟的中断忘词、

有时把领导和嘉宾介绍搞错，有时甚至把活动的环节搞混了。但是整体下来有惊无险、无伤大雅，也还算顺畅。

最近一次脱稿主持是"被迫"参加一场宣誓大会，我当时工作其实忙得不得了，没有这方面的时间，但是人力部的领导一定让我帮这个忙，话说到这份上，我也不好再推脱，就只能硬着头皮上。没有人会特意给我准备主持词，领导们传达了让我把这个活动组织得铿锵有力、富有真情实感的殷切希望之后，就完全放任我"野蛮生长"了。

整场活动都没有主持词，我虽然是主持人，但也是一名员工，所以我的表现也要代表员工们展现出整个广州地区 13 家支行昂扬向上和不断奋进的精神面貌。这次宣誓大会的开场会播放《亮剑》的剪辑片段，鼓励大家要有一种逢敌必亮剑、"狭路相逢勇者胜"的精神。誓师大会一开始就把气氛炒得很热，所以主办部门要求我的主持释放热情，声音尽量大，肢体语言要丰富和有力量感。因为没有台词的羁绊，所以我从头到尾能够充分展现我的所思所想，感情也恣意奔放，感染我自己也感染到出席大会的每一个人。

主持之后，赞誉和肯定也是不断地袭来，很多人都说这种主持风格他们很少看到，很多的专业主持确实是很好的，但大部分都是那种专业的播音腔和晚会腔，而且都是照着台本来读的，这样就很容易给人带来模式化的感觉，而这种脱稿的临场主持，给人一种随机迸发出的真情实感和油然而生的感动，这种感觉是极好的。

（三）脱稿演讲

2017 年 10 月，有一位年长我十几岁的大学校友的金融公司举办主题为"有温度的金融"演讲比赛，面向全社会招募比赛选手，作为校友我也去帮了这个忙。因为是校友举办的，我也没想要获得名次，所以也没有像往常一样事先准备纸质稿子不断背诵，只是在赛前半个小时大概想了一下自己要说什么，打了一个框架式的腹稿就直接上场了，因为有了之前的脱稿主持经历，所以我还是自信满满的。其他的参赛选手都是认真准备、背诵的，很多选手安排了背景音乐、视频配套、PPT投影，甚至还有一位选手安排了一位小提琴手配乐。我直接上台"裸讲"，把我所想的直接说出来，反倒是与其他比较繁复的演讲形成鲜明对比，还获得了深圳卫视主持人韩松的高度赞扬，并力挺我获奖。最后我获得了最具表现力奖，这也算是对我这种脱稿演讲方式的肯定吧。

坚持脱稿表达使你变得更加优秀

在此之后，我还偶然接触到了街头演讲，这种形式也是脱稿演讲的一种。我尝试了一下，也是事先不准备纸质稿件，而是直接站在大马路上面对路人说出自己的所思所想。也还有一些别的脱稿演讲场合和形式，这些都更进一步地提升了我这方面的技巧和信心，所以在第一次脱稿尝试后到现在，我大概担任了三四十场科技金融方面的沙龙主持和策划，也都采取了脱稿的这种形式，效果越来越好，也得到了周围领导同事，还有科技创新企业家和观众们的一些肯定，他们认为这种方式是有真情实感的，是能够和主持人的眼神、姿态、情绪进行深入互动的。演讲者也能够把自己的肢体语言和铿锵有力的情感释放到自己的主持中，进而影响整个现场，来提升整个活动的氛围。

回顾五年前，我是没有胆量来脱稿主持的，回顾四年多前，我脱稿主持还是战战兢兢的，即使回顾三年前，我在街头的脱稿演讲仍然是不成熟的。但凡事事在人为，你只要敢想的话就去尝试，大不了就丢人吧！丢人使你快速成长。所以，请抓住身边各种各样的机会，去脱稿演讲、脱稿主持或者脱稿发言。脱稿不是完全的胡说和瞎说，而是基于你自己的人生经验，讲出在日常工作生活中的真实体会。这不是编造，也不是胡乱的搪塞，不是完全没准备，因为这些准备已经和你每天的生活融为一体了。

　　当然就像我在其他的几篇文章中提到过的，每个月我都会花时间练习。找亲人朋友面对面即兴口头表达，或者走到街边去即兴地演讲。其实，世界上没有天才一说，都是后天在人们看不见的地方刻意练习和持续提高。所以说，只要肯努力、肯练习、给自己机会，就会在时间的流逝中看到自己实实在在的提高。

　　刻意练习再加上时间，我相信您也能优秀地脱稿演讲！

简洁能够
提升公众演讲的魅力

乔布斯有一句名言："少即是多"。在演讲中同样存在这样的规律——简短即是魅力。

我们在演讲准备中总是想把尽可能多的观点、结论、包袱、段子、故事、案例塞进我们的演讲中，导致我们的演讲内容不断膨胀，甚至失去合理的结构和重点，出现严重超时。对于观众来讲，大家也难以消化演讲中的过多内容——特别是那些逻辑上没有紧密联系的内容，观众们会感觉到乏味冗长、枯燥难耐。我在长期的演讲实践中逐渐发现一个真理：没有观众会抱怨演讲过短，反倒是对那些过于冗长的演讲失去耐心。

所以我们在演讲准备中，真的不要求全责备：一次演讲只讲一个观点，一次演讲最多讲三个例子或者三个故事，一次演讲不要安排太多页PPT。

演讲的结构、举例或故事、我们的肢体语言，我们的PPT页面全都围绕着一个核心观点服务，就能够给人留下很精致的感觉，这个观点也就越加丰满起来。

我自己有一个真实的例子。一次，一家金融公司举办了一场《有温度的金融》演讲比赛，按照比赛组委会的要求，要在15分钟内演讲完毕（这已经是大多数演讲比赛能够允许的最长时间了，一般是10分钟），但是仍有大量选手严重超时到20分钟甚至25分钟。

我用了12分钟完成了这次演讲，我的核心观点是：用心、用智、用情的金融服务就是有温度的金融。为了诠释这个观点，我用了三个例子或者说故事来诠释，分别是：一位朋友买房按揭圆住房梦的故事、我所在的银行科技金融助力科创企业腾飞的故事、当前如火如荼开展的普惠金融助力老百姓过上幸福生活的故事。在演讲的结尾，我总结了三个故事的共同点：虽然故事的内容各不相同，但是它们都有一个共同的特点，那就是金融工作者都在用心、用智、用情来做好金融服务，这就是有温度的金融的本质。在这个基础上我将有温度的金融提升到每个人的梦想、国家梦想、民族梦想的高度，提出金融工作者正是将有温度的金融紧密融入到有温度的中国梦中，金融的温度才会更加炽热，理想和现实才会如此的触手可及。在最后的结尾部分，我赞美有温度的金融，也赞美每一位为了梦想执着前行的人，更赞美我们这个有温度的时代。

这次演讲，有部分选手的个人素质非常好，综合表达技巧也很强，但是在时间控制上和内容组织上出现了贪大求全的问题，所以严重超时，内容上主题重点不突出，有几个选手说的故事或者案例单独来看虽然很精致，妙趣横生，甚至有人还用上了现场小提琴伴奏，但是却并没有做到对核心观点的支撑，所以整个演讲显得零散，没有获得高分。而我这次演讲的时间恰到好处，重点突出。全程只有一个观点，三个故事紧密围绕核心观点展开，并且结尾进行了升华，是经典的演讲模式，获得了评委的高度认可，获得了最佳演绎奖项。

现代社会，人们的时间是非常宝贵的。如果前一个嘉宾超时，那么相当于偷窃后面演讲嘉宾和观众们的宝贵时间，并且会令活动的主办方大为紧张和抓狂，让人觉得这位超时的嘉宾非常没有礼貌。

在演讲内容的篇幅组织和内容组织上，演讲者切记对自己狠一点，给自己的演讲"留白"，切记"少即是多"的原理。我们其实可以将主办方规定的演讲时间压缩 15% 左右，只准备 85% 时间的稿件内容，这样就有充分的盈余时间来应对真实现场观众们的热情、掌声，也有更充分的时间来展现演讲者的张弛有度，还能游刃有余地和观众互动！

我们不能神话演讲的功能——在有限的演讲时间里，我们只要让观众们牢牢记住我们的一个观点，这就已经是演讲最大的成功，切忌贪大求全，想让观众记得过多，这样只会适得其反。

始终记得这一点：没有观众因为你的演讲太短而抱怨，从来都是抱怨你的演讲太长！

做好公众演讲的时间控制

在演讲和演讲比赛当中一般都是有时间控制要求的，一般演讲和演讲比赛的时间是 8 分钟到 10 分钟；最近我时常参与的科技企业路演的时间是 15 分钟左右；我所在银行的每季工作总结会议给每位部门总经理的时间一般也在 8 到 15 分钟左右；我经常参加的公司内部或者外部组织的产品推介会，给每个人的时间最多不超过 30 分钟。

在我接触到的各种各样的介绍、推介、路演的场合，我注意到了一个越来越明显的现象——大家最不在意的就是时间，除非是有明确扣分机制的演讲比赛，否则大家都习惯性地超时。

从尊重观众的角度考虑，我们也应当控制好时间。当人们来到会场听我们演讲的时候，他们给你的是某种非常宝贵的东西，某种一旦给予便无法回收的东西——那就是他们的时间和精力。所以演讲者的重要任务之一就是要充分利用规定的时间。

但时间控制这一块往往成为很多演讲者的"滑铁卢"——很多朋友反复磨练自己的演讲技巧，偏偏没有用心演练如何控制好时间。时间的控制能力并不是一蹴而就的，需要大家正视问题，并勤加练习。

我们的"拖延症"

我们在演讲过程中，为了讲得更好、更透彻、更生动，往往内容准备得很多。我们大多时候都会觉得时间超一点没关系，领导或者听众们不会在意的，或者是认为自己能够加快演讲速度，把时间追回来。

就拿我来说，很多次演讲比赛，或者是公开演讲，明明给我的时间只是 8 分钟或者 10 分钟，但因为人都有一种追求完美的心理，很难取舍，所以我的演讲时间总是会超过一两分钟，甚至超过一倍还多，极大影响了我的表现，也影响了观众的体验。

我们作为演讲者，往往存在着侥幸，甚至我们故意忽略了时间这个问题，沉浸在自我感动的幻觉中，我们想当然的认为到时候快点讲就能把这个时间省出来、追回来。但实际上我们一旦进入正式的演讲中，语音、语调、语气的把握，感情的抒发是需要时间的，这些时间是基础时间，是省不下来的。

"拖延症"带来的负面影响是很多的，最直观的是在演讲比赛中，现场的时间控制人员会通过铃声或者是举牌来不断地告知你时间已经到了或超时了。一旦铃声响起或者牌子举起，你在众目睽睽之下会非常紧张，心脏跳动速度会异常加快，这会极大地影响演讲者的正常发挥。

最近有一场专题活动的启动仪式，由我来介绍整个活动的策划与背景，原本与组织方说好了介绍 20 分钟，结果我介绍了 30 分钟还没有结束的迹象，工作人员只能站在最后一排高举着手表，反复示意我超时了，我也非常不好意思，并且肾上腺激素开始激增、视线模糊、呼吸急促——我知道我开始控制不住的紧张了，所以只能用两分钟左右的时间把整个介绍草草结束，没有给观众带来期望中的结尾高潮，整个介绍明显头重脚轻。

试想一下，本来演讲尾声阶段一定是整场演讲的精华，是我进一步抒发感情、升华主题的黄金时间，结果演讲时间耗尽了，我却还没有进入到演讲尾声，还没进入到高潮，我被焦急填满，观众也逐渐失去耐性。所以时间把握不好对演讲氛围会有极为重要的影响，绝大部分人是不可能在这一情况下保持良好的演讲水平的。

所以请谨记：摆脱掉你的"拖延症"，在一开始训练的时候就要控制好时间，不要期待正式演讲会有奇迹出现。

控制时间的小技巧

如何控制好时间？首先就是写稿的工夫了，一定要突出重点，那些细枝末节和主题不太相关的，即使词藻再华丽，即使能烘托我们的演讲技巧感，在碰到时间不够这个问题也要狠下心来砍掉、砍掉、砍掉！

如果有演讲前彩排的话，首要关注的就是时间，如若时间不对就必须马上改内容，而不是全部都背好了才往下改，这样就会非常浪费精力。很多情况下，不是长的稿子打动人，而是短而精的稿子打动人。"少即是多""少即是力量"在演讲中体现得更为明显，要留下给观众回味的空间。

部分演讲的老手对时间很敏感，并且前期准备充分，所以可以不用时间提示。但是这样的人少之又少。所以对于大部分人，还是设置一些现场时间提醒"小机制"为好，当然这些机制的使用前提是我们必须在正式演讲前反复排练，通过排练使我们整个的演讲时间处于符合要求的基本稳定状态。

（一）**戴手表：**无论男性还是女性，戴手表都不是一个突兀的选择，而且感觉比较"有范"。在自己估计演讲进度差不多的时候，配合着肢体语言，用余光瞄一下手表是比较自然的时间掌控措施。

（二）**安排工作人员提示：**安排工作人员隐藏在最后一排观众看不到的地方，用举牌或者举手示意的方式提示时间。

（三）**科技手段：**比如现在的智能手表有闹钟振动提示，可以尝试使用振动的方法提示自己的时间进程。

（四）**壁挂钟表：**如果有条件的话，可以直接和场地工作人员商议在演讲报告厅的后墙挂上一只很容易看清楚的时钟，以供演讲者随时掌握时间进度，这也是最简单、有效的好方法。

一次演讲
传播一句"金句"

评判好的演讲有很多的标准，其中一条就是看观众们能否复述出演讲者想表达的核心内容。要想达到这个标准，演讲者可以通过反复准备和设计使演讲内容清晰、明确、重点突出来实现，也可以通过一个妙招来实现，那就是为演讲找到和设定一句"金句"。什么是演讲中的金句呢？就是你作为演讲者最希望听众记得的那一句话——也就是若干年后，一提到这次演讲，听众可以脱口而出描述出这次演讲的内容。

如何运用金句，我这里举两个例子。

金句趣例"一鱼多吃"

2019年，我所在的省行和东莞分行开始流行一句话"一鱼多吃"，这个金句是我在年末一次公司规模经营分析会中传播开来的，并且是我有意为之。

这次演讲，省行有 600 余人参加，我要讲的主题是"如何构建金融综合服务的生态圈"，核心要讲的理念是任何一位客户都是有多种需求的，所以要对客户进行综合服务，配套多个产品。只有提升了综合服务才能够提升收益、提升客户的忠诚度，进而形成金融生态。

我的发言时间是 30 分钟。30 分钟能讲的内容有很多，但是讲完之后大家能记得多少呢？这是一个核心问题！所以在准备演讲的时候，我就注意提炼出能够概括我的理念的金句。思来想去：既要能概括我要讲的中心思想，也要朗朗上口，还要和大家的平时生活有关联，让大家觉得生动和形象，方便传播。那这句话怎么说？思来想去，我灵机一动想到了一句"一鱼多吃"！

"一鱼多吃"只有四个字，但是朗朗上口，很形象，是平时老百姓习以为常的下饭馆、做菜的口头语，也很契合为每位客户提供综合配套各类金融服务产品的主题思想，内涵和外延都十分丰富！

所以为了传播"一鱼多吃"的金句，我特别注意在 PPT 中用大的字体、显眼的颜色显示"一鱼多吃"的字样，还举了日常中的例子，并且在工作布置中反复提及。

不出所料，随后布置工作的很多领导和上台发言的普通员工都纷纷引用"一鱼多吃"这句话，并不断地从他们的理解进行再次阐述。所以会议还没结束，"一鱼多吃"就已经成为会议的金句。

现在，只要一提到"一鱼多吃"，大家就想到我是创始人；"一鱼多吃"又被不断演绎赋予了很多新的含义。单单这一个金句就让我在随后的工作中如鱼得水：周围的领导、同事都会主动提及这句话，为我的社交打开了很好的局面！

金句使用方式解构

再讲讲第二个例子。

几年前的一天，我代表我行在中国国际科技合作周上发表科技金融方面的专题演讲，演讲时间是 50 分钟，演讲涉及我行的科技金融理念、产品、服务承诺等很多内容，信息量很大，PPT 有 60 多页，平均 1 分钟要换 1~2 页 PPT。参加本次演讲的有东莞市市政府方面领导、当地金融监管机构、我所在银行省分行领导、金融合作机构负责人、高校专家、100 余家科技企业和十余家媒体以及知识产权评估公司的负责人，参加演讲的观众共有 200 余人，这对我来说着实是一场挑战。当时，我行领导给我的要求是要给与会各界留下我行科技金融的深刻印象。我当时思考了很久，如何能够达到这个要求。

我通过不断地联系、苦思冥想，最后决定采取以下几个方面来突出我上面提到的演讲"金句"。

（一）演讲题目就是"金句"本身。我将演讲的题目设定为《科技金融谈恋爱》，这个题目朗朗上口、比较押韵，将"科技金融"这个高频词汇赋予了新的形象的含义——谈恋爱。并且一个"谈"字可以自然而然地延伸阐述出很多我行主动服务科技企业的好服务和超产品的详细介绍。

（二）每个部分的分标题是"金句"的延伸。比如我当时的演讲分为三个部分：第一部分的分标题是"科技金融为什么要谈恋爱"；第二部分的分标题是"某某银行为什么有魅力与科技谈恋爱"；第三部分的分标题是"科技金融如何谈恋爱"。每一个部分的标题都围绕着"科技金融谈恋爱"展开，在观众头脑中形成了深刻、形象的记忆点。

不仅如此，我演讲的三个部分里，每部分大概分配了十几分钟，我在排练的时候特别注意在每一段里至少见缝插针并恰到好处地至少重复两遍"科技金融谈恋爱"这句话，并且在每一个部分的结尾，我还会引导观众一起来齐诵"科技金融谈恋爱"。现场我是这样引导观众的："某某银行是科技企业的粉丝，所以某某银行要——？"我在结尾处拖长音，并用提问的口气，当然辅之以合适的手势，如此，观众们往往会很配合地齐声高呼"科技金融谈恋爱"，当然这时我也会用麦克风与大家一起高呼。

（三）**在演讲的结尾对金句进行复习性总结。** 我在本次演讲结尾，给自己留了 8 分钟左右的时间，我用铿锵且饱含深情的声音、用真诚的眼神、用有力的肢体语言告诉观众们：某某银行是广大科技企业的粉丝，因为科技企业是国之栋梁，所以某某银行要用有温度的金融、专业的金融、有深度的金融主动追求科技企业，与广大科技创新企业由陌生到相识、相知、相恋、相濡以沫；某某银行深爱着广大科技企业，因为我们知道，深爱科技企业就是深爱着我们的国家，深爱着这个腾飞的时代。

（四）**从各类观众的角度对金句进行延伸性阐述。** 我的这次演讲有来自政府、监管机构、媒体、高校、评估公司、科技企业等各界的观众，所以我觉得需要有一段话能够向在座的所有观众致敬，打动每一方面观众的内心。于是我还提出了科技金融谈恋爱，不只是金融机构与科技企业谈恋爱，还要主动与政府谈、与监管机构、媒体、高校、评估公司携手，因为大家都是科技企业的"娘家人"，只有打动了娘家人，才能打动科技企业的芳心。所以在座各位也是我们金融机构的亲人，我们也要向大家致敬，感谢大家对科技金融谈恋爱的支持。同时在座各界与广大科技企业家们都是时代最可爱的人，要向最可爱的人致敬。

（五）其他细节处理。为了进一步加深观众对金句的记忆，我们还可以在很多细节上入手。众所周知，除了言语上的听觉效果，视觉记忆也十分重要，比如我们的演讲PPT就是一个很大的内容输出媒介。针对这次演讲，我特别找到广告公司设计了科技金融谈恋爱的心形标志，并加上了我行的标志，这个标志放在PPT上非常显眼，我的60页PPT就是给广大观众60次加深"科技金融谈恋爱"的印象。

通过以上几个小措施，加上我较为充分的准备和练习，整场专题演讲非常成功。演讲结束时，很多科技企业家都围上来，都说要和某某银行谈恋爱，诞生了这次演讲的专用语。

到现在，近两年的时间过去了，我遇到当时参加这次演讲的东莞市科技局的负责人，这位领导还是会打趣地提起："鲍老师这次又来谈恋爱了，是吧？"每次听到这句话，我们都会相视而笑，气氛十分融洽。

如今，在东莞，科技金融谈恋爱已经成为某某银行科技金融服务的标签，很大程度上是因为这次演讲。

让你的金句成为你的标签

如今我们面对的观众，每天都接触到太多的内容，以致信息远远供过于求，除非反复重复或者有特点的信息，否则观众对大量信息一股脑地冲过来只会疲于应付、过后就忘。

在演讲中善于使用金句，能够给观众留下深刻的印象，即使时间过去许久，回想起这个金句，就能想起这场演讲。所以在准备演讲的时候，无论是出于什么目的，建议您花一定的时间提炼出您演讲的金句——那种朗朗上口、字数不能太多、形象的、直指人心的金句，有了这个金句，也许我们的演讲就成功了三分之一，至少会有人记得这句金句，进而记得这次演讲。

我们大多数人其实都十分普通，很少有什么话语能够让别人记得，也很少有什么成就让我们自己感动。如果能够通过一次公众甚至是小众演讲，令观众记得我们想表达的一句话——即使这句话只有像"科技金融谈恋爱"这样简短的几个字，这对于我们平凡的人生也是一种激励。

不要忘记
眼神的"杀伤力"

富有经验的演讲者上台之初就会巧妙地与观众们建立起友好的、彼此信任的关系，并不是每一位演讲者天生就具备这项才能，但是所有初学者都可以尝试着做一件事，就是与观众进行眼神交流。

每个人天生就有通过观察别人的眼睛来做出判断的能力。我们能够信手拈来地捕捉别人眼部肌肉群最细微的活动来判断他们的态度、感情和内心活动，包括我们是否可以信任他们说的话。

我在长期的演讲实践中，也渐渐发现，只要演讲者与观众对视两秒钟以上，我们就能够彼此捕捉到对方的真诚，此后我们似乎就建立起了情感同步，也就是说如果我在舞台上昂扬向上，被演讲者注视的观众也昂扬向上；演讲者深刻沉思，观众也会陪演讲者一同深刻沉思。

在我的还算不少的演讲经验中，我能够给您的一个特别中肯的建议就是与观众进行充分的眼神交流。所以当你走上舞台时，不要急于张口演讲，建议你从容走到灯光下，找到几位正在注视你的观众，友善地看着他们的眼睛、面带微笑、点头问候、瞬间俘获他们的内心，然后你就可以水到渠成地开始你的精彩演讲了。

演讲时眼神运用技巧

（一）**要用眼神更多地关注演讲中的前排嘉宾**。当你在一场演讲中，应当配合演讲的内容、手势和姿态，用眼神来鼓励对方更好地来倾听你的演讲。眼神是很好的互动窗口，因为眼神里有很多自信和昂扬向上的成分，能够在很短的时间里和观众形成互动，特别是那些非常重要的出席领导，或者是非常捧场的前排嘉宾们。要学会善用眼神说话。

（二）**眼神不要仅仅关注其中一两个人**。演讲时要适时地在各个地方的观众中不断地转换，照顾到各个区域的观众——让每个区域的观众感觉到你是在注视他们个人，但实际上你是在注视这个区域内的所有观众。让每一个观众都"误"以为自己是被特殊关注到的"幸运观众"，在此基础上再展开眼神交流，表现出温暖、真诚，观众就会信任你、喜欢你，并准备好了随时被你的激情所感染。

（三）**要用表情来更好地衬托眼神**。眼神有很多种——探寻的眼神、鼓励的眼神、同情的眼神、失望的眼神……每一种眼神都能够给观众带来不一样的感受，带来超越语言的情感影响。这些眼神当然不是独立存在的，而是配合着脸上各个部位的动作的——比如鼓励的眼神就需要与嘴部的微笑紧密配合。眼神和表情之间形成良好的互补，一个肯定的眼神，再加上一个肯定的微笑，就是一个完美的演讲中的表情。除了嘴部，还有一个需要频繁使用的部位就是眉毛，眉毛一蹙一动都会形成差异巨大的表情。比如说当你提出问题的时候，想要表现出纠结或者是疑问，只要眉毛适度地一皱再一上挑，就能够拥有非常清晰、具体的表情了，这能够极大地丰富你的演讲的感染力。

（四）防止眼神交流被舞台灯光破坏。有些特别明亮的舞台灯光会使演讲者感觉到头晕目眩，自然无法充分地使用眼神，甚至有些时候演讲者无法看清观众。如果当你已经走上舞台才发现这样的状况就为时已晚了，所以为了防止这种情况的发生，我们需要事先就与主办方进行充分沟通，如果灯光有可能影响你与观众的眼神交流，那就需要请主办方果断地调整灯光的设置。

微笑在魅力演讲中的妙用

如何在演讲之初就吸引观众们的注意力？

如何一开始就与观众们有精神上的互动？

如何一开始就打开观众们的心扉？

这就需要使用演讲中的一件非常棒的武器——微笑，微笑不仅是给观众看的，也是在暗示自己保持心情放松。

微笑不是一个普通的表情，微笑是人类最好的语言和画笔：一个微笑，没有形状，没有颜色，却能让世界无限广阔、色彩斑斓；没有味道，却能香气四溢，沁人心脾。微笑是人类最美好的表情，它能够迅速地在陌生人之间建立起情感的联系，能够让普通的面容更加美丽，也是演讲中最为有效的黏合剂和桥梁，是演讲中最为有效的表情语言。

我们要知道，观众不是机器，而是有情感互动的高级生物，演讲者与观众们的情感实际上保持着同步，但是这种同步是有前提的，这就是演讲者和观众在直觉上互相信任。那么获得信任的最有力的窍门是什么呢？当然就是微笑——真诚的微笑。观众是互动的镜子，你对观众微笑，观众就会回报给你一张更为生动、和蔼的笑脸，观众会觉得你随和可亲，也会觉得你很放松、很大气。同样，你的微笑也在暗示自己：我微笑因为我不紧张。如果碰到突然忘词或卡壳的状况，适度的微笑能够给观众和自己带来意想不到的润滑剂的作用，所以适度地去微笑吧。

一场好的演讲的开局是微笑着走上台，边走边微笑和观众们打招呼，在舞台上站定了之后仍然保持着微笑环场注视一圈观众再开始。这个时候观众的内心——甚至表情已经开始对你微笑了。一个微笑能够换来观众们几十、上百个微笑，这是多么划算呀！

这里要说明的是，我们强调的微笑不是用肌肉勉强挤出来的虚假的微笑，人类识别微笑的能力与智商、学历无关，绝大部分人类在几岁后就具备了识别虚假微笑的能力，即使一个四五岁的小孩子都能够轻易识别出虚假的微笑，很难解释出这是为什么，但是人类就是天生有这种能力。一个真诚的微笑就能够赢得人们的信任，一个虚伪的、惺惺作态的微笑就能够马上让观众不再喜欢你，所以当你在演讲时总是保持着不够真诚的微笑，很快就会令人心生厌烦。所以我们需要发自内心的自然的微笑、坦诚的微笑、沁人心脾的微笑——而不是应付的微笑、勉强的微笑、虚假的微笑。所以说，微笑首先需要我们在心里"微笑"，心里的"微笑"自然而然会带动我们的脸部肌肉产生我们表情的微笑，这就是真实的微笑。

一个真诚的微笑，加上真诚的演讲，会成为拂过观众心灵的微风，进而掀起观众们的情感波澜——当你演讲结束时，观众甚至会起身欢呼，这就是微笑的力量！

生动的力量

有人问爱因斯坦："相对论到底是什么？"

爱因斯坦回答："你坐在美女身边一小时，感觉就像一分钟，而夏天你在火炉旁坐上一分钟，感觉就像一小时，这就是相对论！"

虽然这个解释离相对论的科学解释还有巨大距离，但是对于我们这些普通人来讲，能够比较生动地给我们树立一个基本概念，不会让我们对高深的理念望而生畏，这是生动的力量。

何谓生动

2015 年以来，我在公司里开始推动科技金融，并尝试着向政府、监管机构、企业、高校、媒体解释什么是科技金融、科技金融的理念是什么、科技金融的服务态度是什么等等一系列问题。在相当长的一段时间里，我发现无论我说得多么全面、多么系统、多么有理有据，我的听众们似乎总是在似懂非懂的状态，这让我很着急

有那么一天，当我在影院里看一部电影的时候，一句话突然蹦到

我的脑子里——科技金融就是科技、金融谈恋爱呀！这句生动的话顿时把科技金融这种较为抽象的概念跃然纸上。什么是科技金融、科技与金融的关系、科技金融的理念和服务态度都可以用科技金融谈恋爱这种生动有趣的说法来描述，给听众以画面感和带入感。从此以后，我再讲科技金融的时候，科技金融谈恋爱就成为我的特别好用的招牌式"口头语"了。

能够给听众以画面感和代入感，在一个熟悉的概念的基础上再徐徐展开我们要表达的新概念，潜移默化地将新的概念种植进听众的头脑中，这是生动的力量。

不久前，和几位朋友吃饭。一位朋友很懂红酒，用了比较久的时间说红酒中的"单宁"成分，解释了很多，而且用更多的术语解释"单宁"这个术语，搞得本来就对红酒不懂的我更加望而生畏，让我觉得红酒高不可攀，实在是太难。另外一位朋友看我不懂，风轻云淡地解释了一句说："单宁"其实简而言之可以理解成葡萄籽的那种涩涩的味道和成分。一句话我就懂了，我恍然大悟，让我又自信了，朋友的这句话让红酒与我小时候的自酿葡萄酒等同了，成为了触手可及的"邻家女孩儿"。

将难以理解的、晦涩的描述简化成为我们耳熟能详的事物，让高高在上的术语转换成为我们生活中的日常概念，这是生动的力量。

如何增强生动感

（一）"类比"的手法可以增强生动的效果。我的很多朋友都在银行工作，也有几位是客户经理。他们刚开始接触信用证的时候，都接受过信用证培训，但是往往觉得信用证的概念、流程比较晦涩，让人难以记住，甚至怎么想都想不明白、搞不清楚到底是什么东西，有点望而生畏。

我是在银行做公司融资的，恰好我妻子是做信用证的，所以我就愿意向她讨教，结果还是听不懂，也可能是我太笨的缘故。

后来支付宝慢慢流行了，我妻子总是因为我搞不清楚信用证的概念、流程和用途而耿耿于怀。恰巧她是个网购迷，越来越依赖支付宝，于是终于有一次忽然心血来潮用支付宝给我举例子，再用支付宝和信用证对比的方式给我讲两者的异同点，我一下子就懂了。

我妻子有感于此，写了一篇微博内容如下：

> 我先生就是做公司贷款的，我和他结婚10年时间，平时我也经常和他唠叨关于信用证的一些知识，我老公有时还饶有兴致地问几个信用证的问题。可是我发现，我做信用证刚好10年时间，结婚也是10年，在我的唠叨下，我老公最后还是没有清楚知道什么是信用证，虽然他和专业办理信用证的我就生活在一个屋檐下。直到有一天，我在淘宝上买东西，无意中提起其实信用证就像阿里巴巴发明的"支付宝"一样，买卖双方彼此不信任，通过电子商务交易的买卖双方彼此见不了面，在这种前提下要实现传统交易模式下的一手交钱、一手交货，就要有一个大家都比较放心的、不偏不倚的中介确保买方和卖方都不能在同一时间点上同时占有钱和物，这个中介会通过种种机制来确保买方拿到货后满意了卖方才拿到钱，也确保卖方的货到买方手中后，买方不能无

理由赖着不给钱，这样双方都放心了，交易起来就顺利了，交易量也就大了，这就是神奇的支付宝，只不过支付宝是用于国内的贸易，是由阿里巴巴提供信用，而信用证是用于国内和国外的买卖双方交易，提供信用支持的是银行。我这么无意中的一提，我老公突然对信用证感兴趣起来。我老公像发现新大陆一样让我一定要说下去，把信用证和支付宝的对比讲完。我那天花了一个多小时和我老公聊信用证的前世今生，他听得很认真，那一个多小时，让我老公真正懂得了什么是信用证。而此前的10年时间我说的那些官方的术语和绕口的解释，对他来说没有太大作用。

这让我在慨叹10年的蹉跎之余又生发出了强烈的希望，也意识到其实普及信用证也许并不难，也许一个完全没有信用证基础的人——就像我老公，只要你从趣味的方式入手，从他日常的生活中，从他能够理解的事物入手，向他娓娓道来，他也许就会明白，而且很感兴趣。

这让我萌发了把信用证讲得通俗易懂、生动有趣的想法，目的就是把信用证从传统的、高大上的神台上请下来，让信用证从"高贵的公主"转变为让每个人都喜欢的"邻家女孩"——每个人都喜欢亲近、每个人都饶有兴致地了解她。

我在日常工作中也担负着信用证的演讲工作，此后我也尝试了用支付宝类比信用证的演讲方法，演讲效果确实明显提升了。

自从这次事件后，我妻子以后再和"小白"客户聊信用证或者对"零基础"的行内人员演讲信用证的时候，都喜欢用支付宝来开篇和类比，起到了很好的效果。

（二）**"移觉"的手法可以增强生动的效果。**什么是"移觉"的手法呢？"移觉"其实是一种修辞手法，字面意思是转移了人的感觉，也就是串联、沟通起了人的各种感觉，所以通常也称为"通感"，再说得详细点，就是用形象的语言把人们某个感官上的感觉嫁接到另一个感官上，促使产生感觉相通、相互映照、引发联想的效果，可以令读者体味到深化诗文意境的效果。比如形容葡萄酒的口感："这酒的口感像握紧的拳头一样紧"。"紧"是形容力度的，是一种"触觉"，用"握紧的拳头"带给人们画面感，再用来形容酒的口感，就形成了"移觉"。

虽然"移觉"是一种修辞手法，但是也适用于演讲，因为演讲实际上就是把文字内容生动地讲出来。

在我们的演讲中，当我们不得不讲一些晦涩难懂的概念，又没有太多时间去阐述的时候就可以用"移觉"。

拥抱生动

最近两年，我遇到很多次产品解释、品牌推广和推介会，很多都层次很高，但是让我印象深刻并牢记于心的往往是那些生动的解释，而不是高深莫测的讲解。

什么是生动呢？就是与我们日常生活或者与听众的日常知识紧密相连的解释，要让人觉得浅显易懂，大道至简，把复杂的东西讲得简单，这就是生动。

可惜的是，大部分情况下，我遇到的往往是把不太复杂的东西讲得更为复杂，让听众觉得自己很笨，从而内心更加抵触这些讯息。

作为一个演讲者，我们要时刻记得：

生动是一种力量，也是一种品德。

生动，再生动些，其实不难。

生动就是把"相对论"的抽象概念形象提炼为"与美女相处与夏天烤壁炉的感觉比较"！

生动就是把"科技金融"的学术概念形象提炼为"科技与金融谈恋爱"！

生动就是把"单宁"的专业概念形象提炼为"葡萄籽"！

生动就是把高高在上提炼为生活中的耳熟能详和触手可及！

魅力演讲者都善于讲故事

演讲为什么要讲故事

虽然演讲的目的主要是要使观众接受某些道理、认同某个或某几个观点，但要是在整个演讲过程中从头到尾都在说理，就会让人觉得过于抽象和空洞甚至会心生反感。

特别是现在的观众几乎是"90后"，乃至"00后"，这个较为年轻化的群体往往讨厌抽象的道理，喜欢形象的、生动的语言，喜欢以故事带出道理。

所以建议演讲者要善于在演讲中穿插案例和故事，将道理深植于故事中，甚至故事讲得好，案例讲得好，都不用再过多费神去讲道理，这样往往能够打动很多观众。

我举个例子，我平时的工作之一就是举办科技金融沙龙，很多场合下我会当这个沙龙的主持人。沙龙的目的就是为了宣扬科技与金融融合的价值，宣扬我行对科技企业全心全意支持的情怀。

如果在演讲中想要表达这种情怀，用那些"骚柔"的词来堆砌其实是很难很难的，而且情怀的东西太虚、太抽象，我们又是商业银行，这种形容情怀类的话讲多了显得假。

比如此前我尝试过用铿锵的话语说："科技创新企业用自己的梦想在改变着人类的生活乃至价值观，科技创新企业塑造了时代"。但是这些话语依然不够，感觉依然打动不了观众，因为首先就都没有打动我自己。这些大而无用的话难以建立起我们与观众之间的共鸣，难以找到我们之间的共通点。

我自己始终觉得，能够打动观众的演讲，要首先能够打动我自己，单纯讲这些"高高在上"的话语，我自己没有被感动，所以我就无法假装动情，况且这些话语在日常的媒体报道和宣传中经常出现，所以即使我说得再有力度、再声嘶力竭，它的效果都是一般的，因为没有站在观众的角度，触动大家内心最柔软的部分。

所以在这种情况下最好的策略就是讲故事，讲那些大家在日常生活中喜闻乐见的、在日常生活中点点滴滴常见的、能够触动内心的故事，然后由小见大引起我们想要表达的观点或者道理。

最近几年很火的 TED 演讲，我看了很多集，我发现 TED 演讲的一个重要的秘诀就是通过讲故事来讲道理，而演讲人讲的故事绝大部分都是他们自己身上发生的故事，听来让人觉得亲切、有趣、真实。

这些 TED 演讲人绝大部分不是演讲家，虽然他们在某一方面有专长，但并没有在演讲方面技高一筹，但是他们能通过讲好故事来打动人。

拿我自己来讲，随着我的演讲阅历越来越多，我就会在演讲的开始娓娓道来类似于以下的故事——先不讲道理，而是先讲故事。故事用三分之二的时间，讲道理用三分之一的时间。

举例一

比如最近几次科技金融沙龙，我习惯说的一个故事是：

各位朋友：

大家好！

我是来自XXX的XXX，我是一名父亲，我的女儿现在刚满一岁零四个月，因为工作比较忙，我把她送回到了甘肃老家。

作为一位年轻父亲，我是非常思念我的女儿的（这时用眼睛注视在座明显是父母的观众，打动他们）。所以每天晚上七八点下班的时候，我并不急于回家。我要做的一件事情就是：打开手机的微信，与我远在甘肃白银相隔3500多公里的一岁多的女儿进行视频通话。虽然现在女儿还只能讲出只言片语，但是她在视频当中的蹒跚踱步、她的可爱面貌、她的萌态每每都能够打动我内心最柔软的部分。当她忽然在视频通话的那一端嗲嗲地、羞涩地脱口而出"爸爸"两个字的时候，我会被瞬间击中，那时我想把全世界都献给她。这就是科技的力量——科技不是冷冰冰的，科技不是高高在上的，科技不只是上天入海，科技与每位老百姓都息息相关，科技让我和我远在3500公里外的女儿每天都能神奇地相见，即使我们父女远在天边，但却犹如近在眼前；能够使得在3500公里以外的我没有错过女儿成长中的每一个重要惊喜——她第一次喊爸爸，第一次奔跑，第一次自己吃饭……

我想表达的不是视频通话本身的神奇，我真正想说的是：科技的本质到底是什么？

到底是什么？（这里要逻辑停顿，沉默 2 秒，注视大家，引起大家的思考）。

我想，科技的本质就是将那些远在天边的变成我们生活中习以为常的、见怪不怪的、触手可及的感动、便捷与真实——也就是在润物细无声中改变着我们的生活，成为我们无法离开、血肉相融的东西。这就是我认为的科技创新的真谛。

以上就是我在科技沙龙演讲开场白中经常说到的这个故事，这个故事的效果非常好。科技创新其实是高高在上的，因为有的新技术很难让人理解，所以如果单靠抽象的道理或者是假大空的话语来告诉人们科技创新企业是伟大的，就容易陷入到无法引起观众共鸣的陷阱当中，而通过日常的故事。比如说刚才所讲到的通过微信视频就能见到远在千里以外女儿的这个亲情小故事就能够打动听众心中最柔软的部分，进而感叹科技创新的伟大力量，感动于科技的温度。

所以这就是故事的力量，能够更为形象生动地阐述一个道理，让人更为直观地从内心当中认同这个道理。

举例二

我这里再讲一个例子，就是在科技沙龙当中，我也经常会说科技企业有多的不容易，面临着巨大的市场竞争，也面临着巨大的压力，但是这样描述性的语言也往往让人没有直观的印象，特别是很多沙龙的观众是政府人员、在校大学生和媒体人员等不直接接触科技创新企业的朋友们，他们虽然也尊敬乃至崇拜科技创新企业，但是对科技创新企业面临的压力并没有形象的感受和认识，因此理性的描述难以引起他们的共鸣。如何让他们来理解科技创新企业真正面临的压力呢？

于是，我通常会讲另外一个真实的故事。

这个故事是这样的：

我认识了一家广州的做家庭服务机器人的企业，这家企业的老板是 1982 年的，和我同年。他从小就看着《变形金刚》这样的卡通片长大，所以从小在心里就种下了一个要做出自己的机器人的梦想，于是他在华南理工大学读到硕士以后，参加各种各样的世界级机器人大赛，得了很多的奖项。他在 IBM 和中国移动工作了总共 6 年后，毅然决然地要为了实现心中的这个机器人梦出来创业。当然，他缺乏很多的创业的技能，但是心中的梦想一直激励着他，因为一开始拿到风险投资，所以他租了两层的办公室来进行技术研发和整个的商务运作。后来时间过去了一年多却尚不能盈利，而且研发投入不断增加，所以他只能把两层的办公室缩减到一层，后来把一层的办公室缩减成为原来的三分之二的面积，这三分之二的面积已经是他的底线了。我问他为什么是底线了，因为他说这剩下的三分之二有 60% 的面积是要给研发人员日常讨论和研发用的，这是他的底线，所以他宁可把自己的办公室取消，把他所用的会议室甚至对外的一个广告墙都取消掉，但是却不能取消掉用于研发的办公空间。

一开始他们是在整个商务大厦的集中厨房当中吃饭的，后来为了压缩成本，他们只能吃商务简餐，再后来变成了盒饭，再再后来变成了连续三个月的泡面，于是他说后来他只要一看到泡面就会吐，是那种条件反射式的反胃。

现在，他度过了新企业的生死存亡期，但是压力依然巨大。我问他这一切是否值得，如果继续留在 IBM 或者留在中国移动，他其实过得也不差，不用像现在活得那么累。他说这一切是值得的，因为他一直有一个梦想，就是他的孩子，不再只留恋《变形金刚》这样的国外机器人图腾，中国的孩子可以生活在充满中国高端家庭服务机器人的环境中，用中国的机器人来获取自己的机器人梦想，所以为了梦想而付出，这些都是值得的。

这个故事能够感动在场的很多人，即使这些人对科技创新企业没有形象的认识，但让大家认识到了一个形象丰满的、为了梦想不断执着追求而且压力巨大的这样一个真实的科技创新企业，让人们对科技创新企业的敬意油然而生。

所以大家看到了：以上我也是在通过两个故事来告诉大家故事的力量。在演讲当中适当地使用故事能够非常好地诠释抽象的道理，进而能够使大家在极短的时间内在头脑中形成画面感，把抽象的道理和原理塑造为形象的画面或者故事，或者能够让人联想起生活中的点点滴滴，这就是故事的力量。

如何在演讲中讲好故事

（一）呈现故事的情境和细节，比直接陈述枯燥的事件效果好。

比如我在上面讲的第一个故事，如果用陈述的口气说就是这样："我每天晚上下班用微信视频与我1岁零4个月女儿通话，现代科技让我每天都能见到我的女儿，这让我觉得很棒！"这就是简单的陈述口气。但是如果能像我在第一个例子中所说的，加入"隔3500多公里"、"她在视频当中的蹒跚踱步、她的可爱面貌、她的萌态"、"她忽然在视频通话的那一端嗲嗲地、羞涩地脱口而出'爸爸'两个字的时候，我会被瞬间击中"这些细节性的描述时，会给听众带来强烈的画面感和情感共鸣，一个动人的故事就呈现出来了。

（二）你的身边其实有很多故事。我们仔细想想，就会发现这个世界到处都是故事。你在历史人物身上可以找到故事，在书本杂志报刊中、在电视影视等各种媒体上都可以找到故事。如果您有语言表达、演讲、授课的需求，请务必留心身边发生的各种事情，记住那些有趣的故事，再在适当的时候拿出来为你所用。总之，只要你肯找，总会有一大筐可以供你选择的好故事用来佐证你的观点。

（三）挖掘自己身上的故事。其实除了别人的故事，用自己身上的故事往往效果更加显著。由于是自己亲身的经历，首先自己已经达到了心灵上的共情，当你发自肺腑地讲述的时候更加容易打动听众。我们可以从以下几个方向去摘选合适的故事。

1. 获得启发的一次难忘的经历

假设时光可以回到过去，现在的我们能为过去的我们上一堂与本次演讲相关的课程，你会讲什么？你会用自己什么样的经历来佐证你的观点？从这个方向去思考——如果我们自己觉得给自己上的这堂课会有帮助，能够让过去的自己少走弯路，那么其他人也会乐意听这个故事。

2. 寻找我们生命中那些关键的决定时刻

每个人的生活即使再平淡无奇，但是升学、找工作、结婚、生子这些绝大部分人会经历的阶段都有抉择，都是我们生命中的关键时刻，也往往能够引起听众们的共鸣。所以我们可以尝试回顾那些让我们自己人生方向发生改变的决定性时刻，把这些决定性时刻的矛盾焦点饱含深情地说出来，就是一个好故事。

3. 克服弱点的过程

我们在自己身上挖掘精彩故事，还可以从自己是如何克服恐惧、失败、挫折，成功振作并取得成就的方面来寻找。我们可以回顾自己过去不敢面对或者不擅长的事情，后来自己又是如何游刃有余的。这也是好故事的源泉。

我是一个普通人，我也花了几年时间练习通过讲故事来锻炼演讲的能力，而且觉得很好用。我能够取得进步，你也一定可以，因为即使是每一个普通人都会讲故事，所以每一个普通人都会出色地演讲。

在演讲中引入"榜样的力量"

我所在的商业银行，各项业务的骨干慢慢过渡到毕业 3~5 年的"90后"，他们不仅在乎物质激励，与"70后"和"80后"相比，他们更容易被精神激励所感动。

在演讲中引入"榜样的力量"——特别是与他们同龄、同类人的榜样的力量对他们有着巨大的激励、示范和感召作用。

榜样的事迹如果单纯从演讲者的口中说出来，对于听众来讲总有点说教意味，感召力总是差那么一点点，但是如果能请来演讲客座嘉宾——"榜样"本人现身，亲口叙述作为同龄、同学历、同岗位的普通人在工作过程中的能力提升、成长成熟、经验技巧，就能够引发大部分人的共鸣，让他们觉得"他行，我也行"的"攀比"，正能量地说就是"比学赶超"，这样反倒事半功倍。

所以在很多次演讲、推介过程中，我总要邀请一到两位榜样人物现身说法，叙述他们如何成为岗位能手和业务能手，来激发年轻员工们学习业务能力的"躁动感"和"紧迫感"。潜台词就是——同龄人都这么优秀了，你需要更努力了！从哪里努力？从今天听我的演讲开始努力！

在榜样们慷慨激昂的讲述后，年轻学员们往往像打了鸡血一样，个个想成为下一个"榜样"，演讲效果往往都比较好。

不仅是商业银行，这种榜样现身演讲法其实适合各类公司的演讲，因为榜样的力量——特别是与自己一样的普通人成为榜样的力量是无穷的。

如果"榜样们"因为各种各样的原因无法到现场，也可采取微信视频采访、手机扩音器采访配合 PPT 投影照片或者录制采访视频的方式代替，效果都会不错。

除了邀请身边的榜样，还可以根据各类演讲的需求邀请"另类榜样"。

（一）邀请客户现身说法。对于很多商业演讲来说，演讲的目的其实是打动客户。那试一下另辟蹊径如何？因为，从另一个角度来讲，最了解客户的是客户自己。为什么不把我们要打动的人邀请到演讲现场来现身说法，说清楚他们的心理和真正的需要是什么呢？

比如我在开展大中型演讲、推介、小企业信贷演讲、推介、科技金融推介的过程中，就几十次邀请企业客户到推介现场现身说法，取得了非常好的效果。

企业客户的很多说法让我们耳目一新、脑洞大开，而且让这些企业客户来给我们讲课，他们当然是想在听众面前来展现自己很有能力、很有见解的一面，所以往往是在商业谈判中他们不愿意说的一些心里话。

比如有一次，我们邀请到一位刚离开原公司的企业财务总监过来现身说法，他就谈到，他在与多家银行打交道的过程中自己也抓住了银行之间信息不对称的空子，A 银行来拜访就说 B 银行给的价格更低，贷款金额更高；B银行来拜访也如法炮制，自己从中渔翁得利。遇到年轻的、涉世不深的客户经理，他们往往就压力倍增，可能就会被企业的这种招数"降服"。

类似于上面的这种经验，演讲者当然也可以说出来，但是肯定是没有从客户方直接说出来更为真实、震撼、直指人心，这就是邀请企业客户来现身说法的好处。

那么在此基础上，演讲者再根据客户的现身说法进行后续的针对性阐述，就非常能够激发听众们的深深思索和热烈讨论。

（二）邀请其他行业的骨干现身说法。什么是其它行业？其实就是指看上去似乎和本行业不相关、八竿子打不着的行业，却又在某些方面有着特殊的联系或者类似。比如我们银行人需要从事很多销售的工作，所以我尝试过邀请汽车销售4S店的骨干销售人员来进行讲自己的销售窍门和体会。

虽然我是在银行工作，与汽车4s店的工作领域有巨大的不同，但是本质上都是和客户打交道，在研究客户心理方面其实是一回事的。

我经常发现在4S店里有相当一部分销售人员非常善于察言观色、揣摩客户心思，而且能够非常巧妙地将很多的汽车配套产品销售给客户，还让客户非常舒心满意。这些都是银行从业者特别需要的技能。

所以我常常邀请汽车4S店，还有保险公司、超市卖场、房地产销售、健身房教练等不同行业的骨干人员来演讲现场现身说法。我再根据这些血肉鲜活的案例引申出演讲要讲的内容，就显得非常生动，效果往往比演讲者讲授PPT上的销售案例要好很多。

而且在征得企业客户、其他行业骨干销售人员同意的情况下，他们分享的这些案例往往可以录制成视频，在以后的其他演讲中也可以反复使用，为演讲带来持续的生动效力。

认识并有效运用逻辑重音
提升演讲魅力

什么叫逻辑重音呢？

就是该重点强调的文字、该突出表达感情的句子、意义深远的段落，这些需要用饱满的感情和强烈的节奏朗诵出来，就是我定义的逻辑重音。

逻辑重音是整个演讲中重要的环节，需要我们不断地加强练习。

如何识别逻辑重音呢？这没有一个范本，不像公式有一个统一的标准，而是要靠你自己的理解和感觉。换一句话说：逻辑重音依据演讲者理解的不同，会有很大的不同。

什么意思呢？比如下面这样一句话："我爱吃巧克力"。

这样简单的一句话，不同的人在不同的语境下其实有不同的强调重点。比如有的人强调的是"我"字，强调是"我"特别爱吃巧克力，而不是其他人爱吃，突出吃巧克力的主体人物是谁；还有的人想强调的是爱吃的是"巧克力"，突出的是我吃的客体实物是什么——是"巧克力"。所以主观上想强调的不同，就会导致重音朗诵的不同。

文字只能表现出字面的信息，而这个信息表现是不充分的，只有加上逻辑重音，加上我们的语气，才能够展现出我们想表达的重点，展现出我们的感情——当然，如果能够加上表情语言和肢体语言就几乎能够表达全部的含义了。所以逻辑重音是我们宣泄和表达感情的核心渠道。

如何表达好逻辑重音呢，那就是自己在稿纸上反复地标注和演练，并且进行自我检测，当然最好使用录音笔或者手机将声音录下来反复揣摩和练习。

逻辑重音最为核心的是：首先你自己明确知道想突出表达什么，你自己有想强调的地方，对稿子或者自己想要讲的东西有独立的思考，在这个基础上我们会自然而然地有逻辑重音的选择，然后我们加以主动练习，就会形成有效的、打动人心的逻辑重音。

掌握恰到好处的语速

演讲不同于日常的交谈，当然也不是朗读，演讲既有"讲"，又有"演"。"讲"和"演"缺一不可、并驾齐驱。演讲要有艺术魅力，要达到吸引听众的效果，就需要语速合适，恰当地运用语调的技巧，增强口语的美感，也就是要抑扬顿挫。演讲中的抑扬顿挫其实只是表面现象，其本质是靠演讲者的语气和语速来调节的。

语速快慢两原则

语速，简而言之就是说话速度的快慢，也就是在单位时间内，演讲者清晰地说出的文字的字数。

处理好语速有两个原则。

第一个是"废话"原则，就是"语速不可过快，也不可过慢"。这句话听上去是一句废话，但是其妙无穷。演讲者的语速过快，像打机关枪似的噼噼啪啪地冒出一连串词语，没有顾及到听众是否听得清楚肯定是不行的。有的演讲者语速虽然没有噼噼啪啪这样快，但是也明显超出观众思维速度——也就是说虽然听众听清楚了，但是听清楚后却没有时间理解、消化和回味，这样当然是收不到好效果的，听众听了一阵子就倦怠了。如果语速过慢，像老婆婆讲故事似的拉得格外长，听众就会等得不耐烦，不解渴，听一会儿也会无精打彩了。总而言之，语速适中得体，以听众听得清楚、来得及理解和感悟为原则。

第二个是语速要因内容的不同而因地制宜。也就是说要根据思想情感表达的需要，做出恰当的处理。当快则快，当慢则慢，有所变化。在准备演讲时，对演讲稿反复揣摩，做到心中有数。要注意短语、句子、重点词汇的速度，通过适当停顿调控演讲速度的转换，按照演讲感情的需要调整演讲速度的变换。

说话时的语速服务于演讲内容，如果是冗长繁复的句子，讲述时不宜过快；发音比较拗口的句子尽量在撰写演讲稿时去掉，实在去不掉的，就应该说得慢一些。在需要特别强调的句子和词语上，当然需要放慢语速，给自己充分的时间释放情感。

从另一个角度来讲，适当地放慢速度，能为演讲者营造一个较为沉稳乃至威严的形象，有利于营造端庄大气的演讲气氛；如果是说明性的叙述，可以使用演讲者习惯的正常语速；如果是为了增强气势的宣誓类、鼓舞类、表态类的演讲，则可以适当加快语速。

自我剖析

如果我们有机会观摩一下自己曾经的演讲视频，可能会被自己的语速"震撼"到：怎么这么快？或者怎么从头到尾的语速都是一样的，像机器人一样？或者语速慢的像蜗牛。

很多情况下，在台上演讲的时候，因为太过紧张，我们对自己的语速其实没有一个客观的把握和判断。演讲结束后虽然我们会感觉出语速可能是过快或者过慢或者过于平铺直叙了，但是却没有精确的分析样本了。所以还是建议对自己的正式演讲进行录音或者视频记录，事后进行认真地分析，再进行一次"重演"，在不紧张的状态下详细分析哪一句话应该快，哪一个段落应该慢，哪一个部分应该充分释放感情，这样分析过几次后，再加上演讲实践，对语速的掌握就会渐入佳境。

排比句
在魅力演讲中的妙用

如果你是一位很有激情的人，那么演讲时可以采取激情风格。在我的演讲实践中发现：中国观众大部分性格腼腆、不喜张扬、情感不善外露，但却反倒是喜欢热情的演讲，并且很容易被热情的演讲打动。

激情既来自于内在的气质，也需要用手段、技巧来充分表现和释放。那么用什么样的技巧或者方式展现出这种激情呢？语气、语调和肢体语言固然是十分重要的，除此之外，其实还有一个小窍门——就是善用、巧用排比。

排比在演讲中有着极为重要的作用，它不仅能增强语言的节奏感和旋律美，使语势如江河奔泻、势不可挡，还能有效地增强演讲对听众情绪的带动和影响，在记人叙事、抒情说理、批评反驳、升华主旨等方面显示出非凡的效果，使演讲产生强烈的艺术感染力、无穷的魅力和雄辩力。

我在过去十几年的演讲、推介、路演经历中，往往在中间和结尾处使用两段流畅、恣意的排比来烘托气氛、释放感情、彰显主题、提升高度，这种方法屡试不爽、效果颇佳。

了解排比句

排比是把三个或三个以上意义相关或相近、结构相同或相似、语气相同的词组或句子并排在一起组成的句子。用排比来说理，可获得条理分明、层层递进的效果；用排比来抒情，节奏和谐、感情洋溢、气势强烈。

排比又通常分为：短语排比、句子排比和段落排比。

短句排比举例：

某某银行的科技金融，是有底蕴的科技金融、有水平的科技金融、有情怀的科技金融！

句子排比举例：

选择勇敢，就是选择对生活的珍视。

选择勇敢，就是选择对家人的眷恋。

选择勇敢，就是选择对的人生的向往。

段落排比：

如果我们知道什么是热情，那么我们就会无比自信地投入到工作中，因为热情是我们不断前行的动力，是我们持续释放自我的支撑和依靠。是的，我们需要这种热情，需要这种让我们永远年轻的能量。

如果我们知道什么是热情，那么我们就会无比欢乐地投入到生活中，因为热情是我们热爱生活的源泉，是我们享受生活的扶手和支点。是的，我们需要这种热情，需要这种让我们永远活力的能量。

如果我们知道什么是热情，那么我们就会无比深沉地投入到岁月中，因为热情是我们绘就岁月的画笔，是我们赞美岁月的诗篇和文章。是的，我们需要这种热情，需要这种让我们永远富有的能量。

以上排比的几种形式，大家可以根据演讲的内容合理使用，但切忌刻意堆砌。

排比的效用

运用排比抒发情感，可使感情肆意奔放、滚烫灼人、感人肺腑。排比之所以能在演讲中发挥神奇的作用，收到异乎寻常的表达效果，主要是因为：

（一）运用排比论证道理，可将道理阐述得更加精辟透彻，不容质疑。

（二）排比往往是围绕一个中心内容，运用相似的词语和句式，多侧面、多角度铺陈展开，反复申说，给人以重复强调的感觉，所以在演讲中最能唤起听众的注意。

（三）排比常常给人以万炮齐发之感，各句之间以一种平列的关系，相互映衬，相互补充，从而加大了信息量，从而创设氛围，增强语势，使表达更集中、更强烈、更鲜明，在演讲中最容易激发听众情绪，给人以振奋的力量。

（四）排比结构整齐，句式匀称，声音和谐，语气一致，讲起来朗朗上口，听起来盈盈入耳，有一种均衡之美、整齐之美、节奏之美、旋律之美，在演讲中如磁石一般强烈吸引听众，给人以审美情趣上的满足和愉悦。

尝试演讲排比方式的几点建议

如果您想增强演讲的气势，提升演讲的热情，那么充分使用排比吧！

当然，使用排比句演讲时有一个很大的风险，就是一旦忘词，就会打乱演讲的节奏——特别是对于演讲的初试者，会方寸大乱。所以如果要使用排比句，务必是自己熟悉的内容和发自内心的话语。相关稿件最好自己撰写，并且反复吟诵，达到炉火纯青、不假思索就能脱口而出的地步方可放心使用这种手法，如果不能够达到这个标准，就需要慎用。

当然，那些历经几十甚至上百次演讲、推介、路演的朋友们，甚至已经不需要稿子，能够临场发挥自带深情、自带澎湃地将一句句真挚、饱满、热情的排比倾泻给广大观众，这种境界是需要岁月的洗礼和积淀的，是我们努力的方向。但是一开始，我们还是从基础做起，从一点一滴做起，从简单的排比开始，在最开始的演讲尝试中，先尝试只使用一次排比，如果成功，就尝试在第二次演讲中用两次。这样若干次下来后，就会形成我们自己的风格，就会愈发炉火纯青和游刃有余了。

在台上恰到好处地走动
为演讲加分

演讲时不仅需要口头语言、眼神和上半身肢体语言综合运用，脚下适度走动也是很重要的。我们在看到马云或者乔布斯或者其他企业大咖在进行路演或者产品发布的时候，经常会发现他们不仅侃侃而谈，还会在演讲过程中适度的穿插走动。他们往往能配合自己的眼神、手势、语言在台上恰到好处地适度走动。所以各类活动中的出色演讲往往不是在台上从头站到尾的，而是需要适度走动，甚至走到观众中进行互动，引燃观众的热情，触动他们内心被长久埋藏的激情。

适度走动的作用

走动本身就可以给观众带来更为广阔的遐想空间，甚至走动本身就是一种很深邃的肢体语言。此外，我们在台上适度地走动不仅能够缓解我们自己的紧张，也能够不断吸引观众的目光始终聚焦在我们身上，而不是手机或者屏幕上。很多时候走动还伴随着相关的提问，或者伴随着一些比较激情、鼓动性的语言，所以适度地走动能够极大地烘托演讲的氛围，甚至起到画龙点睛的作用。

演讲中适度走动的注意事项

在演讲中的走动需要注意一下方法：

（一）**走动的幅度要因地制宜**。比如在讲引起人们遐想的话题时，走动的幅度不要太大，不要太急，要配合着演讲的内容进行，因为走动也是引起人们思考的一种行为方式，人们思考就需要一定的时间，所以走动的时候要慢慢地走，配合着和大家的思考节奏。

（二）**不要为了走而走**。在台上适度移动的时候，要配合好自己的语言神态和手势语言，形成一个完整的统一体，而不是彼此割裂的、故作姿态地走。

（三）**走动不要过于频繁**。我们在舞台上的适度走动要配合着我们的演讲内容，高亢的时候我们可以大幅踱步，但是低沉的时候往往就不适合走动。所以一场演讲，我们当然不能从头走到尾，而是适度地走，不要过于频繁。根据我自己的经验来讲，在舞台上的走动时间以三分之一为最佳，最多不能超过一半时间，否则就会令人眼花缭乱。

（四）**在舞台上走动的时候要注意背后的 LED 屏幕的尺寸**。因为有的舞台 LED 屏的尺寸是比较小的，如果走到了 LED 屏的正中间，容易挡住背后的屏幕。所以可以事先琢磨好自己走动的区域。如果是较小的屏幕，那么就可以在屏幕的左边或者右边走动；如果舞台十分宽阔、十分高的话，那么就可以走动得更加随意、轻松了。

（五）在积累一定经验后可以尝试走到观众中互动。在掌握走动的要领和经验后，如果自信心足够了，我们可以尝试拿着话筒走入到观众中进行互动，与观众进行近距离的眼神交流和提问等话语交流，拉近观众距离。

走到观众中演讲
能够点燃大家的热情

对于大部分人来说，演讲就是坐在发言席对着麦克风讲课，或是习惯于站在主持台上捧着麦克风讲。

我们固定在一个位置演讲，如果我们的气场足够强、声音足够洪亮、话题足够吸引人、个人魅力足够强，那是完全没有问题的，但是绝大部分的场合，我们都不具备以上条件。那么我们就需要一些其他的窍门，比如"走到观众中间"就是一个很好的手段。

为什么要走入到观众中

我们在观看文艺演出的时候——特别是国外的演出团来华的演出，经常会看到艺术家们在演出的中间出人意料地走到观众席与观众进行互动，比如说和观众一起唱歌，再比如说在观众区跳舞，甚至拉着观众一起上台互动表演，这种手段每次都能够引爆全场的氛围，瞬间提升兴奋度。这种方法是非常有效的，能够打破观众开场之后情绪不断减弱的趋势。

同样的道理，如果一场演讲的时间比较长，长达半个小时，或者是那种一个小时以上的特殊演讲会，那么就建议进行一到两次的走到观众中的互动。这样就可以在演讲开始十几分钟之后有效阻止观众的注意力分散了。

其实中国人很多都是腼腆的，但又是渴望热情的，演讲者能够走到观众中热情地提出问题和大家互动，大家就会集中注意力，敞开心扉。

当然我们也要把握好走入的最佳时候，大体上来说：当一部分观众开始看手机的时候，当一部分观众开始退场的时候，当一部分观众开始打瞌睡的时候，当一部分观众开始交头接耳的时候，当一部分观众开始目光呆滞的时候……总之，当观众开始不以你为中心的时候，你就需要走入到观众中，重新夺回你的主动权了。

如何自然有效地走入到观众中

（一）带着问题走入到观众群中。我们的演讲总有一些问题可问，比如我们是一场"牛奶饮品"的推介会，就可以带着问题走到观众群中问询大家在日常生活中对牛奶饮品的态度；再比如您身处的是一场新员工入职演讲会，面对的是一些求知若渴的大学生，你就可以走到观众中提出大家生活中的日常问题——比如大家最喜欢新公司的地方是什么，以此活跃大家的气氛。

（二）**带着眼神和笑容走入到观众群中。**走入到观众中，不要为了走入而走入，当你带着温柔的眼神，迷人的笑容走下舞台，走到观众中后，观众的心灵也会得到抚慰，大家的距离不仅因为你和大家的物理距离拉近了，也因为你的眼神和笑容拉近了心理距离。

（三）**带着道具走入到观众群中。**我们可以根据演讲的主题事先准备一些互动道具，既可以用来增加演讲的娱乐性、趣味性，也可以用来佐证演讲中的一些论点。比如在一些轻松有趣的演讲上，我会准备一些小游戏的道具和观众一起做游戏。再比如一些比较严肃的场合上，我经常对一些科技企业融资的问题，涉及到科技企业的股权组成和专利权结构等提问，就会用手机APP——"企查查"来给观众们现场演示，也会走进观众中号召大家用自己的手机共同查询，每次都能够调动大家的有效关注度。

（四）**带着奖品走入到观众群中。**大部分观众是习惯奖品的，特别是年轻观众。所以在提问题的时候一开始就告知有奖品，并且展示出奖品，如果奖品足够有吸引力，你就会"狐假虎威"地成为观众的中心。

自信的姿势可以
提升演讲者的魅力

没有谁是天生的演讲能手！

人人都有怯场的经历，即使那些看上去游刃有余、经验丰富、阅历颇深的演讲家也不例外，每个人都是在一次次的挫折、积累和再提升中一路走来的。

每一位演讲者在第一次登台乃至前十次登台时，都会产生紧张怯场的心理。那些在台上侃侃而谈的大咖，上台前其实一直在心里反复练习和背诵，甚至来回踱步释放压力。

我们不要害怕压力，只要给自己一个积极的心理暗示，尽可能保持乐观向上的自信，尽可能让自己放松。

我的秘诀就是给自己找到一个舒适的、容易让自己自信的姿势来演讲。

几种可以尝试的自信的演讲姿势

众所周知，心态会影响肢体语言。一个局促不安的人往往会做出封闭的姿势——眼睛逃避往下看，双手保护性交叉。反之则亦然——我们的肢体语言也会影响我们的心态，心态又会影响行为，行为会影响结果。科学家们研究后认为：自信的姿势可以减少大脑中的皮质醇含量，让演讲者感觉更自信、更有威严，也就是说一个小小的姿势调整就能引起演讲者自信心的巨大变化。

我自己喜欢的自信姿势就是右手拿麦克风、左手五指做出空手抓握的状态，随着演讲的进行适度地摆动左手乃至左臂，双腿站立时不是用同样的力度像军人站岗一样紧张站立，而是用右腿作为支撑的主力腿，左腿微微斜伸出去辅助支撑，这种站立的姿势对我来说比较舒适，对听众来看也比较放松。当然，我的这种姿势并不是适合所有人，每位演讲者需要找到适合自己的"自信的姿势"。

除了我这种姿势外，其实还有其他几种简单的身体语言可以巧妙使用。这些身体语言都可以给自己一个积极的心理暗示，让自己的潜意识认为自己很放松。

（一）**站立演讲的时候，可以考虑让双脚距离大一点**。因为站立的姿势反映了演讲者的心态，双脚距离适度拉大可以减轻站立时的不稳定性，增加舒适度，甚至某些时候，双脚距离超过肩膀的宽度也没有关系。

（二）**双手的掌心的方向均垂直向上，自然在胸前打开，随着演讲的展开小幅度摆动**。这个手势能传达出演讲者开放和诚实的态度，很多名人在演讲的时候使用过这个手势。

（三）**演讲者双手打开后，手掌心的方向垂直向下。**与上一个姿势恰恰相反，这个手势展示的是权威和力量，能给听众带来一种演讲者有威慑力和控场力的心理暗示。很多欧美政要讲话中想示意人们安静下来时会用这个手势。

（四）**演讲者想象在胸口前有一个较大的圆球，双手手掌打开，随着演讲的开展，演讲者一直在抚摸这个大圆球。**虽然这种描述比较滑稽，但是这个圆球是虚拟存在在演讲者的头脑中的，听众并不知道。实际上，听众看到的是演讲者的双手在有韵律地变换着。

（五）**演讲者想象自己的双手捧着一个球，即使在走动的时候也在"捧"着这个球，还可以想象这个球的大小在变化，所以我们双臂的距离也需要适度地变化。**这种手势能够令演讲者看起来更有控制力，就好像演讲者能够把天地掌握在手里一样。乔布斯在很多路演中就经常使用这个手势。

（六）**双手的中指指尖彼此触碰，摆出金字塔的形状。**很多朋友在公开场合演讲，一旦紧张，双手就会不停摆动甚至发抖，所以当务之急是不能让双手乱动。这个"危难"时刻，演讲者就可以尝试用双手在胸前摆出一个金字塔的形状来掩盖紧张，同时潜意识给自己自信的暗示。实际上很多企业家，比如马云老师会在演讲中用到这个手势。当然，我们也要注意这种手势要配合随和的表情，否则如果与高冷的表情相搭配，就会给人感觉骄横。

演讲时要克服随时随地的
挫败感

即使是经验十分丰富的演讲家，在正式演讲场合，也可能会出错，而且还可能不只出现一次差错。

衡量演讲水平是否高超的重要标志之一不是演讲出不出错，而是出错了之后怎么办？

有的时候，演讲虽然出了意外，但是演讲者能够巧妙化解，反倒能够赢得观众的赞赏和加分。

也就是说，在我们演讲的时候，无论是外部环境还是周围观众的反应还是我们自己的演讲内容，都可能会出现一些小差错，这样就会对演讲者的心理造成巨大的刺激，有的人甚至无法经受住这种刺激而出现心理崩溃，导致演讲无法继续进行下去。

所以演讲过程中能够进行有效的心理控制，特别是能够及时消除小差错带来的挫败感，是使得演讲平稳进行下去的重要的保障。

这里有几个小窍门，和大家分享如下：

（一）不要为自己的小差错而耿耿于怀。实质上没有太多人关注你具体在讲什么。有些时候演讲者过于关注自己讲的内容正确与否，一旦发现自己讲的和此前背诵的内容出现了一定的误差，那么一般缺乏经验的演讲者就会迅速地进入焦虑状态，心里有个声音一直在回响："完了，为什么讲的内容和此前的不一样了，这下全完了。"这样一个瞬间的思想停顿就会影响接下去的演讲的流畅性，进而出现多米诺骨牌式的心理崩塌效应。但实际上很小的细节大家都很难发现，大家关注的是词句，也就是你的关键词讲到了就可以了，而你实际上内容是否精准、咬字是否准确、材料是否详实等等这些要素大多数是被你演讲时候的语气、肢体语言和气势等等各种其它要素"掩盖着"。所以只要你的演讲保持流畅、富有激情，整体效果都不会太差。所以千万不要因为演讲出现内容的小差错而心理波动，即使错了，请仍然不动声色地继续讲下去。

（二）**用提问题的方式赢得心情平复时间。**如果你是一个容易紧张的人，一旦出现差错让你心里出现了巨大的波动，可以临时用一些小问题来提问大家，大家在回答问题的时候，你就可以在这个间歇迅速地整理自己的思绪，调整好后续的演讲思路，重新恢复平静和镇定。

（三）**事先准备好"备胎"。**如果你不是一位久经沙场的演讲能手，此前也确实存在过演讲时心理崩溃的情况，那么不要勉强自己，事前要给自己留一手，就是找一个演讲经验比较丰富的人做助手。也就是当你的演讲出现你无法继续下去、整个心理崩溃的时候，你只要说一句话："下面有请我的某某同事继续补充。"后面的时间就交给你的帮手帮你补场和救场。但是这需要你事前准备，也就需要对自己有一个清醒的认识。

（四）**巧妙地重复一遍正确的演讲。**当你出现了小差错想要进行补救，或者说是很关键的内容必须进行补救的时候，你可以尝试着进行以下的叙述，你可以换成这些句子："也就是说刚才我想表达的是什么？""其实我最想表达的是什么？什么意思？""其实刚才我所说的背后的深层次含义是怎么怎么样的。"通过这些话语来把刚才你觉得说错的内容再复述一遍，转变成正确的内容，进而就把错误补救了。

（五）巧妙使用背景板信息。当你发生思维混乱，如果已经无法正常地继续讲下去的时候还有一个小窍门：一般的演讲通常都有背景板、PPT 或者展示屏幕，那么你可以暂停进程，回过头给大家一起分享背景板上的内容，这样就可以基本缓和你的情绪。

还是那句话，演讲是一门实践的艺术。如果想要自如地演讲，首先要做，做了才能错，错了才能改，改了才能对，对了才能熟能生巧、游刃有余。战胜演讲挫败感的秘密不是尽量不去犯错，而是多尝试、多犯错、多总结、多提升。前期犯错越多，今后就越能笑看风云！

重要的事情有效地说三遍

重要的事情说三遍，这是近年来我们常常奉为经典的准则。"说三遍"的确能够起到强调的作用，但是却不是万能的，因为把相关要点简单地重复三遍，只是机械地灌输，尚没有达到"走心"的目的。在布置工作的时候简单地"说三遍"效果尚可，在演讲的时候机械地"说三遍"就会影响到演讲效果——因为演讲最终目的是希望听众能够有所收获。

如何使观众对"说三遍"的内容走心呢？就是：不仅要"说三遍"，而且要"多角度""有互动"地说三遍。

（一）多角度地说三遍

比如我在一次演讲中，告诉观众，我所在的银行特别重视、尊重甚至崇拜科技创新企业。这是一个很鲜明的观点。但是我如果简单、机械地把这句话重复三遍，就会显得了无生趣，而且有过度营销、自吹自擂之嫌。

怎么办呢？

我说了 3 句话：

"某某银行本身就是科技创新企业，所以我们更懂科技创新企业，所以我们特别重视、尊重甚至崇拜科技创新企业；

某某银行本身就享受着科技创新企业带来的科技创新服务支撑，所以我们特别重视、尊重甚至崇拜科技创新企业；

某某银行坚信科技创新企业是时代和民族发展的中坚力量，所以我们特重视、尊重甚至崇拜引领时代的——科技创新企业。"

这样从多个角度较为生动地诠释了同一句话，不会给观众留下单调乏味的感觉。

（二）有互动地说三遍

我大学时代的一位老师告诉过我，他赢得学生对其讲课内容认同的秘诀之一就是鼓励和带领学生们和自己一同高呼自己的观点，学生们齐声高呼本身就是强烈的环境鼓励，能够让学生们产生较为强烈的心理认同感。同样的道理，演讲者就是老师，学生就是听众。我们在"说三遍"的同时，如果能够有互动地引导观众和自己一同朗诵乃至高呼，那就会达到很好的被认同的效果。

有一次，我参加我所在银行的科技金融产品推介会，以下是我的互动结尾，核心的目的是重复说三遍"某行科技金融，不仅是优质金融，更是——成长伙伴"。

我在结尾时的演讲内容和互动如下：

所以我行发展科技金融，绝不仅仅是为了挣那么一点点钱，绝不仅仅是为了做那么一点点生意。

大家时刻要记得，某某银行是国有控股银行，是国有控股的大型商业银行。所以我行科技金融不仅是优质金融，更是成长伙伴！

下午大家比较困倦，来，大家和我一起来诵读（用眼神、表情和肢体语言鼓励并带领观众一起来说）：某行科技金融，不仅是优质金融，更是成长伙伴！

好的，非常好，再来一遍：某行科技金融，不仅是优质金融，更是成长伙伴！

真棒，第三遍：某行科技金融，不仅是优质金融，更是——成长伙伴！

这一次的演讲非常成功，在结尾部分我成功地引导了在场的近200位观众和我一起高呼，掀起了本次演讲的高潮，气氛十分热烈，观众们也被这种气氛感染。这种形式实际上也掩盖了3次一模一样口号重复的单调与尴尬。

各位朋友可以在今后的演讲中尝试实践。

演讲结尾恰当地
留下自己的联系方式

在一些产品发布会、推介会或者专题论坛上，有时因为反响热烈，或者演讲人出于自身宣传的需要，都需要在演讲结束时公布自己的手机号和微信号。当然，这里讲的号码不仅包括演讲者自己的，也包括演讲者希望观众记录相关公司的联系电话或者微信公众号（为了叙述精简，统称为演讲者的手微号）。

为什么要在部分演讲场合公布演讲者的手微号？我理解这个环节的作用有三点：

（一）能够有效获得朋友或者客户资源。愿意主动添加自己微信好友的观众，说明一定程度上被演讲者打动，也许以后还有向演讲者进一步沟通的需求，这是难得的潜在营销拓展机会，需要牢牢把握住。

（二）能够实时获得观众的激励。要知道，观众的激励和鼓励对于我们培养自己的演讲兴趣和自信是非常重要的，观众的激励是不能靠我们自己想象的，而是需要我们实实在在地接收到观众的表扬话语。

（三）能够真实地收到客户的建议。很多情况下，我们在演讲结束后，即使收到改进建议，其实也都是来自于深度参与本次演讲活动准备的工作人员，我们很少能够得到观众的改进建议。手机短信和微信提供了非常方便的观众提出改进建议的渠道，需要我们好好把握。

那如何有效、畅顺地公布演讲者的联系方式？部分演讲是没有PPT投影的，所以需要演讲者口头公布自己的联系方式；即使有也还是需要演讲者用说出来的方式有效公布。我自己也在很多演讲结束的场合公布过，但是很多情况下效果都不尽如人意，后来经过摸索，我找到了较为有效的方法，在这里，提几个这方面的建议：

（一）演讲者公布自己的联系方式时仍然要保持正式演讲状态，切忌表露突然放松后的懒怠和敷衍。包括我在内的很多演讲者总是觉得全部内容讲完后就结束了，其实不是这样。当自己真正走下台后，才是演讲的真正结束，只要自己还在台上，就要保持演讲的风范，包括最后留下自己联系方式的时刻。

（二）给观众足够的时间拿出手机。包括我在内的很多演讲者演讲结束后会迅速地读几遍自己的手微号，然后就匆匆走下舞台去。

从观众的角度来看：演讲者在第一遍公布时，观众还没有反应过来，或者还有点犹豫要不要记录；演讲者第二遍公布时，观众其实刚刚拿出手机；演讲者公布第三遍后，观众才开始陆陆续续记录。所以往往很多观众还没有记全，演讲者就离开舞台了。

所以，演讲者在演讲结束后，在观众的掌声中适时提出接下来会公布自己联系方式，并要停顿5秒钟，给大家足够的时间拿出手机。

（三）公布联系方式时要环顾四周，给大家以鼓励的眼神。在等待大家掏出手机做好准备的时间里，演讲者可以扫视全场，让自己的眼睛与观众充分接触，鼓励大家掏出手机不要犹豫。

（四）在公布联系方式后，建议观众以固定格式发出申请。拿我自己来讲，每次很多听众申请加我微信，我都需要花费很多时间对观众的微信号进行重新整理，标注关键信息，这成为了我的困扰。后来我注意到微信对于申请添加自己为好友的人有对其申请信息"自动填入"的功能。所以我最近开始实践，当提醒大家加我微信时，申请信息的格式为："姓名 + 本次演讲活动关键名称 + 该位观众所在公司名称"，大部分观众能够按照格式申请加我，以便我更好地做分类。

（五）如果演讲者有 PPT 配套，那么请将自己的联系方式和二维码清晰、大尺寸地显示在 PPT 投影上。不过即使演讲者有 PPT 配套，且 PPT 上已经清晰显示了手微号，仍然需要演讲者口头公布。因为只有这样才能保持演讲的首尾连续性，不至于全场突然陷入一片沉寂。否则会导致观众在演讲结尾高潮部分酝酿起的激动情绪突然垂直落入低潮，给人很不好的感觉。用投影显示加上演讲者的口头宣布，两者紧密配合会相得益彰、效果良好。

（六）在结束时感谢大家对自己的关心和支持。当联系方式公布完成后，别忘了再次真诚地感谢大家，并鼓励观众通过手微号给自己提出宝贵的意见。

总之，在部分场合下，演讲者公布完自己的联系方式才是整个演讲的真正结束，这期间需要我们始终保持仪态的落落大方——而不是长出一口气后的懈怠。尽量做到以上几点，将给我们的演讲画上圆满句号。

演讲的风格要因人而异

演讲的风格要因人而异地去选择，不可强求不适合自己的模式，那样会让观众非常不舒服，正确的选择是要在自己的性格框架里摸索成为更好的自己，而不是别人！

2018 年的一天，我到苏州的一家科技创新企业观摩，这家公司的董事长在给大家进行大数据自动化系统的台上推介展示，这位董事长在谈到这些技术时虽然不是那种侃侃而谈、恢弘大气的风格，但是他对技术细节的娓娓道来却让我们众多观众非常信服，他不像那些嗓音浑厚、肢体语言丰富、排比句众多的企业家演讲，但是他的这种温和如水、对技术细节如数家珍的朴实风格并不让人失望，反倒是觉得可以信任。

我很佩服这位董事长的科技创新思维和技术钻研度，真的让人折服，并不是每一个人都应该成为侃侃而谈的乔布斯，每个人做好自己就行，并不要刻意去模仿他人，而是要找寻到适合自己的模式和道路。

演讲者众多，演讲风格自然也众多，虽然慷慨激昂、滔滔不绝的演讲者能够赢得很多人的赞赏，但并不是每个人都适合这样的演讲风格，也不是每个人都具备这样风格的基础条件，况且如果全部人的演讲都是这种类型，听众也会疲劳。

有些女孩子，长得纤弱秀气，可能演讲风格更适合温柔型；有些人风度翩翩、书卷气息浓厚，那就更适合润物细无声的书生型；还有一些人天生就比较沉静，但是恰巧需要发表演讲，可能能找到一种动静相宜型……所以不同的人是有不同的特性的，不能都朝着激情昂扬的方向挤独木桥，这样即使硬憋出来的昂扬也会不伦不类，还是要根据自己的风格因地制宜。

我认识一位领导，每次讲话都不用打草稿，讲起来头头是道，肢体语言十分丰富，语调慷慨激昂，让人觉得非常有气魄。很多人都想模仿他，但是很容易变成"东施效颦"。

我有一位同事，个子中等、戴着眼镜、斯文秀气。他的演讲每次就逐条逐句、以说理为主，用眼神和手势一起温和地打动观众，也非常受观众的欢迎和喜欢。

我们办公室有个小姑娘，刚毕业两三年，长得很可爱，说话很甜，是个人畜无害的邻家小妹妹。她演讲的时候，就习惯说自己的真实经历和故事，再在真实故事的基础上谈感受，使人非常有代入感。

再像我这种五大三粗、个头比较高、嗓音比较浑厚、个性也比较张扬的人，当然就适合那种持续慷慨激昂、热情奔放的演讲风格。

所以说，要演讲，首先要认清楚自己属于哪类人，根据自身特征确定自己的演讲风格，切忌盲目地去模仿那些演讲明星，这样容易迷失自己，会学得不伦不类。

演讲不是技巧的机械堆砌

本章和大家聊了很多演讲中的技巧和窍门！那么是不是把这些技巧与窍门像做加法一样加在一起就能够取得效果呢？

当然不是！

恰恰最近朋友常找我聊起公众演讲的事情，我发现大家也比较执着于这些技巧如何运用，比如演讲的语气、语速、语调、音量；演讲稿撰写、排比句的运用；眼神、笑容、肢体动作、舞台上的走动；话筒的使用、PPT和视频的运用等等有几十项的技巧可以探究，朋友们习惯于细细地深究下去，包括这些技巧运用的时机、重要性的占比等等，像做数学题或者生产一种高精尖的人工合成原材料一样，这让我有点无所适从。

对于这类朋友，我的忠告是：我们需要讲演讲技巧但不要陷入太深、走火入魔。不要过于深究技巧。演讲不是盖房子——一块砖、一块砖地堆垒起来就行，演讲更偏向于艺术，需要在心理层面上融会贯通，而融会贯通的前提就是大量的实践。

我讲一个故事来说明这个问题：大学的时候老师问我们一个问题——就是我们吃饭用筷子的时候，到底先张开嘴再把夹上食物的筷子送到嘴边，还是先把夹上食物的筷子送到嘴边再张嘴？我们这批学生猜第一个的和第二个的都有。答案却出乎意料，就是：既不是第一个也不是第二个，而是边张嘴边把夹上食物的筷子往嘴边送。大家可以尝试下。

我们老师给我们举这个例子是想说明：用筷子吃饭这件事其实也是有步骤的，据说人工智能和机器人现在还是实现不了用筷子吃饭这个看似简单的动作，因为步骤太多，细节太多，机器人搞不定。但是我们身边的人——包括我自己其实没有人思考过用筷子的流程，但是我们仍然用筷子用得特别好。我们用筷子的时候也从来没有紧张过，几乎所有人都非常自如、得心应手，为什么呢？就是因为我们用得多了、习惯成自然，用了几年、十几年甚至几十年筷子，自然游刃有余。

演讲也是同样的道理，如果把演讲当作一门学科来讲，按照我在前面说的语气、语速、语调、音量等等几十项的步骤、要领。我们把演讲细分成这些小的元素，每个细节去"咬文嚼字"，那就太过机械，很不生动，这样就失去了一个整体——每个细节都对，但是组合在一起就不是那么回事了，这样未免有些得不偿失了。

演讲是一门整体演绎的艺术，是自己的享受，是用心去表达，是自己由衷的、自内而外的展现，在每次实践的基础上总结一两个技巧，再在下一次的演讲中融会贯通进去，如此这般，长此以往，你就会发现，你忘了技巧，只剩下在演讲中的享受、练达和舒畅。

享受演讲本身，不要被技巧所累，不要去死抠每一个演讲技巧的细节，而是把这些变成自己血液中的东西，成为自己举手投足自然而然会做的条件反射，这就是演讲的魅力——不是技巧，而是大道无形。

第四章
刻苦

勤积跬步
以至千里

台下十年功

　　无论我们采取什么形式的演讲——花哨的、朴实的、高科技的，甚至加入小品演绎的也好，都有一个——并且只有一个方法可以让我们的演讲变得尽善尽美，那就是：反复排练。

　　演讲是一个需要不断练习的行为，跟音乐家登台表演，跟医生操刀做手术一样，唯有熟练于心才能流畅于形。很多人——特别是那些非常依赖 PPT 的朋友，总以为有了完美的 PPT 之后，在舞台上照着 PPT 来朗读就能够演讲得非常成功。这种想法的后果是：演讲变得越来越枯燥和机械化、观众越来越抗拒演讲者的表演，直至最后恶性循环导致演讲者心理奔溃。

　　事实证明将大量的精力投放在 PPT 的制作上，很少——甚至完全没有练习或者说排练的。结果往往是：我们精心准备的 PPT 只能精彩地显示在屏幕上，不能有效地与我们的口头语言和肢体语音融为一体。

　　只要简单地想一想就会觉得这种行为是得不偿失的，我们在制作 PPT 的时候很花时间，有的 PPT 可能要花费几天甚至更多，但是很多人居然不肯花费十几分钟上台去模拟真实情境试讲一下。如果只是因为这错失的十几分钟，最后却导致此前花费巨大心血制作的 PPT 效果大打折扣，这实在是很可笑，而这！却是很多人一直在坚持做的事情！

最近几年，我参加多次大型的产品推介会、服务方案发布会、专题论坛、大赛颁奖典礼。接触过很多金融、科创、文化等领域内的演讲高手。我发现，即使是这些演讲高手，他们也会提前一段时间来活动现场熟悉场地，进行流程性彩排，有的人还会找到现场的影音中控台，与工作人员进行充分的沟通，还有的会在开始前给自己做很多专题卡片，进行自我提示。这些都是演讲前的必要准备。

我这里又想再次举一个例子，虽然这个例子已经被用得过于泛滥——是的，我想说的是乔布斯的推介会。乔布斯其实在产品推介或者演讲方面并非天才，他的秘诀是执着于排练。虽然乔布斯很聪明，但是他在每一次的发布会前都会反复排练，通过排练来奠定信心，通过排练来熟悉演讲内容，通过排练来理顺流程，更重要的是通过排练来发现问题并及时纠正。

是否充分的排练能够决定是否精彩的演讲。就拿我自己来说，虽然在很多人眼中我的主持和演讲是脱稿的、不用 PPT 的，但实际上每次推介或者演讲前我都经历了很多个小时的排练，甚至在我睡着的时候脑子里也会像醒着那样背诵稿子。我更为注重的是，一定要在正式开始前几个小时赶到现场，反复演练数遍，直到我确定了我与要使用的这个舞台和周围环境紧密融合成为一体；直到我确定所有我需要使用的设备都能够顺畅使用、没有问题；直到我确定当天的工作人员都能够知晓我演讲中每一个动作的意图，并且能够顺畅地配合我——我仍然不会停止排练，直到现场的环境已经不允许我再停留在台上排练，我也会在心里反复模拟排练，这就是我成为很多人眼中"演讲牛人"的秘诀。

所以，根据我自己的经历和我的观察，建议朋友们在正式演讲前最少排练 10 次，10 次的排练至少要包括 3 次在正式活动场地的排练，做到心中有数。如果你打算脱稿演讲，那么就要确保你对讲稿十分熟悉，要让你的话听上去是由衷的表达，所以，只在镜子前或者在家人面前的演练是不够的，要在真实的舞台上，对着至少一位观众，即使你出错了，也要强制自己必须完成这次排练，而不是愤慨中断。

排练的确很难，从来都不是容易的事情，甚至我们强迫自己在卧室自言自语地背诵都不是那么容易。但是我们必须强迫自己排练，因为在正式演讲前我们如果无法克服这种障碍，在正式演讲中就会被自己糟糕的表现吓到，以致我们在台上无计可施、后悔不迭。

为了观众、为了自己，我们应该克服惰性，通过反复排练来熟能生巧、克服压力、获得激情！

自我练习小 TIP

　　演讲的自我练习是很重要的，天生的语言表达人才少之又少，要博得观众的喜爱，打动观众的内心，就需要不断地到公众场合去尝试和体验真实的演讲环境。在正式上战场前，能使我们鼓起勇气、增强自信、提高能力的方式就是反复有效的练习。以下分享几个我现在仍在反复使用而且必将长久使用下去的练习技巧。

　　（一）**摄像机的"陪练"。**如果自己家里刚好有一台摄像机，最好使用摄像机来拍摄练习过程，就把摄像机当做观众，对着摄像机认真进行模拟练习。然后再通过摄像机录像来总结自己的姿态、语言、动作和总体表现。坚持通过这种方法来反复练习就会得到非常大的提升。因为一般的人只是通过自己的猜测来感觉自己讲得怎么样，实际上并不能够从一个旁观者的角度来观看自己。但视频回放就刚好解决了这个问题。机器的记录清晰且不带人的感情，演讲者可以十分客观地观看一遍自己的表现，甚至可以逐帧慢放、反复播自己的细微表情和肢体小动作。现在的摄像机都有用手机遥控操作的功能，使用起来已经非常方便。

　　（二）**小手机大作用。**现在的手机几乎都具备高清摄像功能，在网上花 60 元左右就能够购买一个手机专用的摄像架，再花十几元买一个蓝牙遥控手柄，就成为了一个简约但是并不简陋的摄像机。且用手机摄像的好处是不受摄像机大型器械的携带困扰，可以随时随地拍摄。

（三）"照妖镜"的使用。还有一个很简单的方式就是可以对着镜子来练习，对着镜子观察自己的一言一行、一颦一笑。但是用镜子会有一个问题——特别是对于初学者来说，镜子中反射自己的动作会一定程度上干扰到自己，所以需要在对稿子熟悉的情况下再对着镜子练习，否则会心慌意乱，增加自己的焦虑感。

（四）找家人、朋友或同事扮演观众。主动问询这些人看过你演讲后的意见，要带着诚恳的内心和广阔的胸怀去听他们的意见，然后针对性地改进。家人提出中肯的意见——即使是小讽刺，也要远远比我们站在台上慌乱不知所措要好的多。

（五）找一块空地高声练习。我在长久的演讲实践和练习中发现，用很大的声音自我练习往往能够锻炼自己的胆量，释放自己的紧张。但是我们现在的居住环境一般不允许我们如此大声地练习，不仅不雅，而且会引来周围人的侧目和异样的眼神，所以天台、公园的空地、无人的草坪往往是我们能够选择的一些地方，而且这些地方视野开阔，可以放空自己，抛弃患得患失感，专注演讲、专注练习，效果往往不错。

（六）提前到现场练习。这是最重要的一点，就是我上文提到过的——无论在家里如何练习，都无法逼真地模拟正式公众演讲时的现场情况。所以强烈建议演讲者提前到正式演讲现场，自己反复多演练几遍。一般大型活动，主办方会预留出两个小时左右的演练时间，但演讲者最好比主办方去的还要早，再给自己额外半个小时到一个小时的时间去练习——这样才会更有信心地上台。此外也要与主办方沟通好，等到主办方声、光、电等设备都已经就绪后，自己再上台演练一遍，即使只能够上台一两分钟模拟感受下舞台上的感觉也是非常好的——因为站在舞台上的那种紧张和激动的感觉与在观众席中观看的感觉是完全不同的，所以我们要提前充分体会和感受。

　　当然，演讲的练习技巧和手法因人而异、因环境而异，没有一定之规。演讲练习的关键就是要不断地去练习，练习过程中你就会找到适合自己的方式与节奏，感觉就自然而然地出来了。

胆量速成——街头演讲

街头演讲是一种很原始但是很有效的"猛药"，能够短时间内培养一个人的胆量与应变能力。

一次闲逛中偶遇街头演讲

记得五年前我在北京中关村创业大街闲逛，第一次接触到街头演讲的形式，当时我刚好遇到有一家公司在举办"说出你的创业观点"的定期街头演讲活动，有工作人员问我愿不愿意上台（所谓的"台"，实际上是一个大木头箱子搭建的）试一试，并给了我几分钟时间准备，我鼓足勇气参加了，时间很紧凑，相当于直接上去讲，那是我第一次街边演讲，感觉很紧张。太阳暴晒，街边稀稀拉拉有几位观众，大部分行人熟视无睹，穿街而过。当时害怕的不得了，但是讲完了之后便觉得云开雾散，心理的瓶颈被突破，且由此爱上街边演讲一发而不可收拾。

克服心理障碍实践街头演讲

接下来的一年，刚好我负责推动和宣传我所在的商业银行的科技金融工作，需要这种随时脱稿表达的能力，为了刻意练习，我就不断地自己创造机会进行街头、户外随机演讲。比如说到商业中心区、在去机场的大巴车上、在我大学的校门口或者在一个商业大厦的大堂等等，事先也不准备，到了一个地方，自己随机出一个命题给自己，然后给两分钟时间准备，然后就这样站在街边讲。

这些演讲一开始都会对我的面子和心理造成比较大的冲击，因为一开始拉不下脸来，很多时候周围的路人都会对我指指点点，有的人以为我是推销的，有的人以为我是精神病，但是我都咬紧牙关坚持下来了。有些时候，我实在是太紧张了，怎么都迈不出去开口那一步，只能借点酒精的力量，"酒壮怂人胆"，在晕晕乎乎之际张开口来街边演讲。

我记得有一次，我因公出差，刚好在杭州西湖边闲逛，我带着反向伞，人很多，大概是在 2016 年 8 月份左右，刚好赶上了二十国领导人杭州峰会（G20）前夕，西湖边的安保十分严密。我鼓足勇气，用我手上拿的反向伞（一种利用反方向收伞的设计，减少收伞时所需空间，同时确保伞上雨水不会溅到身上）做道具进行路边演讲，借助反向伞的创新理念，提起中国创新之路，进而与 G20 峰会紧密结合起来。一开始很多人指指点点，甚至几名安保人员也迅速向我移动过来，那时我着实是特别紧张，但当他们看到我其实不是卖伞的，而是在演讲，并且都是正能量内容后，大家都饶有趣味地开始听我的演讲了，后来我还搏得一阵阵掌声，保安也做起观众来。

就这样，在经历了北京（中关村创业大街）、广东广州（行人天桥）、广东东莞（电影院门口）、天津（母校大学大中路上）、四川成都（步行街）、湖北武汉（东湖边）、浙江杭州（西湖边）、甘肃白银（临时舞台上）等十余次街边演讲后，我的胆量越来越大，自信心也强了，而且培养了自己的应变能力以及根据街头观众随时的表情变化来调整语言和内容的能力，这些能力此前我没有，但就是在这十几次的、我刻意的街边演讲过程中慢慢诞生了。我现在基本上可以做到在各种场合随意切换我的思路和话语，达到在很多观众面前脱稿说话的程度——当然，这些话语的精准度与震撼力还需要不断提升。

街头演讲的准备工作

说到这里，我相信很多想提升自己演讲能力的朋友们一定都心潮澎湃了吧，也想跃跃欲试了。

好的，下面我说几个街边演讲的简单注意事项：

（一）建议您准备一个摄像机或者有一位助手用手机对你进行摄像，来记录下这些难忘的时刻，并可以进行事后的视频回放、分析与总结。

（二）建议准备一个易拉宝，上面写上"街头演讲练习——非推销"，以防止相关的城管人员或者其他的保安把你误认为是街边兜售人员或者是发表不良言论人员。

（三）演讲话题应避开争议话题和敏感话题，尽量选择一些轻松、简洁、接地气且适合社会大众所接受的正能量话题，否则会引起很多麻烦。

（四）事先准备至少 10 句以上的即兴演讲的通用好词句，以便在自己的大脑突然短路后救场。

（五）街头演讲过程中尽快找到一位基础观众——也就是你的眼神能够和他互动的观众，这会给你的心理带来很大的自信暗示。如果你没有自信能吸引到这样的基础观众，至少请一位朋友陪你一起，由这位朋友支持你，站在你身旁为你鼓掌，给你鼓励的眼神和微笑。

（六）如果自己实在没有想到什么特别好的话题，建议可以使用身边的一些物件来引出一些话题。例如我上文提到过的通过介绍设计精巧的"反向伞"来引出关于"工匠精神"或者"科技创新"等话题。用道具可以一定程度上吸引路人，也能够一定程度在演讲刚开始时缓解自己内心的压力。

狠心把自己抛出去

无论什么情形，无论是否准备，这些其实都不是核心，核心是你要鼓起勇气迈出在街边张开嘴的那一步，不要怕被观众和街边群众笑话，因为谁也不认识你，你要明白你锻炼的是胆量，大家的嘲笑也许是对你最好的催化剂，所以别害怕，张开嘴，迈出第一步！

当然，话又说回来，不同人有不同的性格，不是所有人都适用于这种比较"激烈"的方式的，如果你是一位非常腼腆内向的朋友，一开始也不太适用这种"用力过猛"的方法。可以循序渐进，先从基本的技巧和经验积累开始，待到有一定自信和经验了，再踏出这一步也不迟。

　　无论怎样，请记得：当您踏出这第一步的时候，我知道您的内心是很紧张的，甚至你觉得嗓子在冒烟、脑子里一片空白甚至出现幻觉……别害怕，这些都很正常，因为你我都是普通人。我前几次的街边演讲都出现了些难受的症状——喉咙无法出声、眼睛是模糊的甚至看不清眼前的观众，但是慢慢的，这些痛苦的感受渐渐消失，我们会感觉到自己在慢慢升华和逐渐脱胎换骨。

　　当然无论如何。最重要的还是坚持并相信自己，三天打鱼两天晒网是很难有成效的，一旦您迈出了那第一步，后面的九十九步也要持之以恒地跟上。加油，包括你和我！

追剧练习普通话
并积累演讲素材

我们通常会花费大量的时间看电视剧，追电视剧，但是看过后，除了情感泛起阵阵涟漪之外也没什么其他太大的收获。

绝大部分电视剧的演员们讲的都是普通话，并且很多台词其实很有文学功底，是我们演讲中可以借助的好素材，甚至部分电视剧中的桥段还可以拿来为我们的演讲所用，成为我们演讲中的例子。

所以我们其实是可以用追电视剧的方式来锻炼自己的普通话，并积累演讲素材的！

如何追剧练习普通话

我们看的电视剧，通常演员的对白都是普通话，这些演员大部分都是戏剧学院科班出身，又或者是专业的配音老师进行的后期配音，所以语句清晰而标准，情绪饱满又到位。其次，电视剧有剧情，有很强的代入感，不会让我们觉得太过枯燥。所以他们其实是我们最好的老师。

我们可以对着电视机，跟着电视剧的对话来不断地重复，在一段时间的刻意留心和模仿之后，你就会发现自己的普通话会有潜移默化地变好。

当然，这里所说的追剧，只是一个泛指，与电视剧相类似的电影、广播、广播剧、语言电台等，都有类似的功能，所以我们也可以通过"喜马拉雅"APP、"蜻蜓FM"APP或者在开车的时候直接通过广播来收听我们喜爱的节目，然后跟随着这些节目中的播音员和嘉宾不断地模仿他们的读音，经过坚持不断的训练，是明显会有效果的。

就拿我自己来说，一个偶然的机会，我在一个听书APP上点开了一本小说来听。我利用闲暇的时间听了两个多月，也模仿了两个多月。小说主播每读一句话，我就跟着读一句话，当然也津津有味地收听完了一整本小说，既娱乐了又练习了，自己也能够轻松地坚持下来。两个多月后，我明显感觉到我的普通话发音正宗了许多。

当然，我们在选择相关的电视剧或者节目的时候，尽量选择那些与我们平时说话比较类似的剧集来追看和模仿，比如一些贴近生活的职场剧、家庭伦理剧，这样学习到的东西能更大程度上为平常演讲所用，而一些宫廷剧虽然制作更宏大，但与我们日常说话还是有很大区别的，所以利用率可能不够高。

所以在看电视剧或者听广播剧的时候，除了练习发音，看到好的情节或者好词句可以为我们日后的演讲所用，就要立刻记录下来，否则日后也想不起来了。但是碰到剧情好看到欲罢不能停不下来怎么办？最好的办法就是在手机的"备忘录"里常年设立一个"追剧积累备忘录", 遇到好的素材马上通过语音输入把相关的剧情或者好词句记下来, 事后再整理下。根据我的经验来看, 几集剧下来就能积累几十条好素材了, 不信大家可以试试看, 短期内就会让我们渊博起来。

此外, 我还有一个建议, 无论是电视剧或者广播剧还是其它的类似载体, 一集下来之后尽量再多看两遍, 反复揣摩练习下那些我们平时咬字不准的重点字句, 这样效果会更好! 等过上一两周, 再温故知新一次, 就能够把很多普通话的读音深刻地印在脑子里了。

现在的科技通讯如此发达, 所以利用好您的碎片时间, 边娱乐边练习, 只要有手机、有网络就可以实现, 所以从现在开始就尝试一下吧, 记住, 坚持不懈就有效果!

建立自己的普通话读音更正表

　　方言口音在日常交流中是没问题的,而且透露出地方文化的美好,但是在正式的演讲、汇报、推介、路演的场合,如果能说一口不带任何方言口音的标准普通话,将会给自己的表现加分不少。

　　但是大多数人已经说了几十年的方言普通话了,怎么办? 花费高昂金钱上专门的普通话演讲班是大部分人负担不起的,而且这样的演讲班也很少。其实很多朋友追求一些立竿见影的小窍门,我就来推荐一种——那就是建立自己的普通话读音更正表。

　　很多朋友说我的普通话说得好,但是最近我在观看整理此前我的主持、演讲、推介的录像时,发现我的普通话还是不够好,具体表现是:我说话时的个别字句会有方言口音,比如"这个"这一常见的词,应该读成"zhe ge",我却会百分百地读成"zhei ge",这就是我长期以来习以为常的方言口音。我自己从未察觉,直到最近我翻看录像的时候才发现,于是我利用了几个小时的时间,把我过去参加的十几个公众场合演讲的录像大致浏览了一遍,发现了40多个我需要纠正的方言口音,我都逐一用文字记录了下来,把文字拷贝到了手机的备忘录里。现在每次公众场合的演讲,我都会把我的这些需要重点纠正的口音反复再诵读多遍，通过这种努力，渐渐地，我发现我在正式场合的普通话更加纯正了，观众对我的演讲认同也就更多了。

这一次经历，我发现不能单纯靠自己的力量，而是要广泛发动周围亲朋好友的力量，于是我给周围的每一位要好的亲朋好友都布置了"任务"，就是在我说了非普通话的"地方口音词汇"的时候，请他们及时提出，我就能够及时发现，及时记录在我手机的备忘录中，以备随时复习、随时更正。

从以上我的经历可以提炼出如下建议：以后我们在正式场合的讲话，自己最好能录音下来，现在每个智能手机都具备录音功能，所以录音这种要求十分简单。在随后的一两天内，我们再完整地听一遍到两遍，把我们的方言口音记录下来，然后不断练习纠正，练习的时候既可以求助于身边普通话讲得比较好的朋友，也可以找到很多普通话APP辅助练习。一开始也不要贪多求全，我们一个口音一个口音地攻破，几个月下来就会发现，我们的地方口音会越来越少，普通话会越来越纯正，我们的公众演讲自信就会越来越强了。

当然，很多朋友已经对自己的"口音词汇"习以为常，所以可能难以发现它们的存在。如果是这样，可以请一位专业的主持人或者普通话讲师，进行一两次一对一的判断和纠正，然后举一反三，推列出类似的其它"口音词汇"，这样效率会更高，也可以邀请亲人朋友在日常工作和生活中及时监督自己，对自己做好提醒工作。

改掉演讲中的口头禅

口头禅的表现

我们在演讲——特别是脱稿演讲和讲话中，时常会带出口头禅。就拿我自己来讲，我以前的口头禅是"那个"，特别是在我演讲紧张和忘词的时候，我就会"那个""那个"不停。无论讲的是什么内容、语气如何、情感态势如何，我都会不自觉地插入"那个"这句口头禅，甚至有的句子只有十几个字，我却连续说了两遍乃至三遍"那个"，对于观众来讲，"那个"这句口头禅频出，极大地影响了他们的收听效果，会让他们觉得啰嗦和累赘，甚至成为一种折磨，降低了演讲者的专业性水平和整个演讲的档次。

到后面，我的口头禅又不知道怎么变成了"你明白我的意思吧"，这句口头禅看似比"那个"这句口头禅要高级很多，但却也是一个很讨厌的句子，不仅啰嗦和影响演讲顺畅度，还感觉到有点不尊重人。

那么这些"突然生长"的口头禅是如何形成的呢？

从我个人的经验来讲，演讲中的口头禅多半是因为自己真的很紧张，要借用口头禅来释放自己的心理压力，也可以为自己赢得一两秒左右的思考时间。口头禅没什么语言营养，也无法表达特定含义，但是可以占用一定的时间，一定程度上为演讲者赢得思考空间。所以久而久之，我就不由自主地形成了几个常用的口头禅。

我周围很多朋友都有演讲口头禅，口头禅的内容除了"那个"之外，还有"那么""对""这个""嗯""还有"等等五花八门。"那么"这种口头禅有时候还能勉强接一下上下文，乍一听还不是太明显和刺耳，尚可以接受，但是"嗯""这个""那个"等明显与上下文不搭调的口头禅就会有很大的负面作用。

戒掉口头禅的方法

当意识到口头禅的危害，就要开始努力尝试着改掉口头禅。根据自我经历，我有如下小建议：

（一）精准找出自己的口头禅。我其实对自己的口头禅一直以来没有明确的认识，一直自我感觉良好。直到有一次，我拿到了我和大学生讲话座谈的录像资料，我自己站在观众的视角从头到尾仔细看了一下，发现我通篇都是"那个""那个"的口头禅，效果很不好，这件事刺痛了我，让我意识到自己是有不好的语言习惯的。于是此后我就非常留心，每次遇到公开演讲、讲话、产品推介的机会，我要么会录像、要么会录音，过后会反复收听，记下自己反复出现的口头禅，我用了一个很"变态"的方式，我会拿着口头禅最严重的段落反复收听，反复收听，让自己觉得自己的讲话十分刺耳十分讨厌，然后产生了对这些口头禅的生理厌恶感。

（二）**学会自我克制**。这个不算是一个方法，但却是能解决大部分事情的唯一办法。对于口头禅这个由身心自发形成的行为，必须要进行自我克制，要反复告诫自己说话不要脱口而出，要先在心里组织好语句，然后把这些现成的语句以缓慢而流畅的语速表达出来，这样既能避免出现口头禅，也不会显得不自然。待口头禅克服后，再根据不同的表达需要，适当加快语速。一旦你开始自我调整，一定要努力坚持 42 天以上。我此前听到过一个说法，就是 42 天会形成一个牢固的习惯——当然可能是好习惯，也可能是不好的习惯。所以要好好把握这些重要的时间周期。

（三）**用比较好的口头禅替代以前"低级"的口头禅**。对于一部分人来说完全不说口头禅是很难做到的，有的人有"登台应激症"只要上台一定会紧张，只要紧张就会下意识地重复习惯用语；还有一部分人是因为在脱稿演讲或者汇报时，需要拖延 1 秒到 2 秒的时间进行快速思考，口头禅能够巧妙地掩饰这一段时间的空档，在这种"必须"要使用口头禅的背景下，建议用"高级"的口头禅替代"低级"的口头禅。通常来讲，"那个""这个""嗯""啊"等当然是比较"低级"的口头禅，如果能使用"好的""是的""很好""就像大家看到的"等词语替代，会将口头禅的负面效果降低一些。

这里也和各位朋友多强调一句：千万不要三天打鱼两天晒网，要坚持一段时间。一个月、两个月在人生中其实没有多长，但是坚持了就会给我们带来很多收获。

"电梯演讲"

有一种演讲训练方法叫做"电梯演讲"，就是从进入电梯开始演讲，电梯到达后结束演讲，这种演讲方式强迫人们在短时间内将所有要表达的迅速表达完，直奔主题、切中要害。

麦肯锡公司曾经得到过一次沉痛的教训，该公司曾经为一家重要的大客户做咨询。咨询结束的时候，麦肯锡的项目负责人在电梯间里遇见了对方的董事长，该董事长问麦肯锡的项目负责人："你能不能说一下现在的结果呢？"由于该项目负责人没有准备，而且即使有准备，也无法在电梯从 30 层到 1 层的 30 秒钟内把结果说清楚。最终，麦肯锡失去了这一重要客户。从此，麦肯锡要求公司员工凡事要在最短的时间内把结果表达清楚，凡事要直奔主题、直奔结果。麦肯锡认为，一般情况下人们最多记得住一二三，记不住四五六，所以凡事要归纳在三条以内。这就是如今在商界流传甚广的"30 秒钟电梯理论"或称"电梯演讲"。

"电梯演讲"在向领导汇报时十分重要。我在工作中，每个月至少会有两三次遇到真实的电梯演讲——或者称为电梯汇报更为合适。我每个月都会有那么固定一天要在领导门口等待请示工作——因为办公室还有其他部门人员逐一请示。也有很巧的、等到刚好轮到我的时候，领导刚好要外出，于是我只能尾随着领导一起进电梯，把本来准备 30 分钟说完的工作浓缩到 1 分钟左右说完，也就是从"办公室门口走到电梯（通常只有十几秒）+ 等待电梯 + 走入电梯内坐电梯下楼 + 陪同领导走出电梯 + 走到大门口送领导上车"的总时间。整个过程满打满算不超过 1 分钟，所以要在这几十秒内把工作汇报清楚——特别是能够说服领导给予相关工作宝贵的配套资源，其心理压力和难度可想而知。

但是要练习电梯演讲对于很多害羞的朋友来讲还是比较困难，所以有另一种电梯演讲的替代手段——靠墙蹲立演讲。

靠墙蹲——就是双臂抱在胸前，双腿屈膝到九十度，后背靠在墙上站立。这种站姿很吃力，能够比较快速地消耗热量。

为什么说"靠墙蹲"可以模拟电梯演讲呢？因为姿势的原因，靠墙蹲立不可能坚持太久，随着时间的流逝，呼吸会越来越快，双腿发抖，虽然不像紧张时分泌的肾上腺激素带来的体验，但是这种身体上的压迫感却能够比较逼真地模拟向领导汇报的紧张感和时间压迫感。

在此情况下我们就必须把滔滔不绝的长篇大论浓缩为切中要害的寥寥数语，会下意识地把那些最重要的话说出来，在这种逼真的模拟环境下，就能够用身体上的压力逼迫自己讲话必须简短、有力、一语中的。

以靠墙蹲模拟电梯演讲的方式要见效的话，必须长期坚持，时间一长就自然会出效果。

巧妙运用语音输入软件
练习流畅表达

利用语音文字输入软件，练习自己的普通话和临场应变能力以及表达的流畅性是非常有效且节省金钱的方法。

语音输入软件简述

大概在七八年前，语音输入软件就已经十分流行了，只是很多人还没有开始使用或者存在一定的心理障碍，觉得语音输入的识别率不高，而且和日常的输入习惯不相符。特别是很多人觉得用语音输入识别很困难，要保证语音的持续连续性，要在头脑里想好，要普通话标准，才能够实现流畅的文字输出。

是的，语音输入的确还存在着这样那样的问题，但是今时今日的语音输入软件已经比七八年前进步巨大，而且语音输入本身这种要求保证语音流畅清晰的局限性，却也歪打正着成为训练表达流畅性和思维连续性的一个有力的科技手段。

　　现在的各种语音输入软件已经非常多了，几乎各种手机里都自带了语音输入功能，其它包括微信、搜狗、百度等一些软件都有语音输入功能。我个人比较倾向使用"讯飞"语音输入，因为讯飞语音输入的公司——科大讯飞有大量专利和软件著作支撑语音输入技术，并且支持英语、普通话和各种地方语言——比如粤语，并且不断地在提高识别率和丰富词汇库，讯飞语音输入已经充分应用到了智能终端互动、教育智能机器人开发、口语考试、实时翻译等各个领域，所以能够不断获得应用性大数据支持。

　　讯飞语音输入在多年前就成为中国大陆普通话测试的考试支撑软件，所以他的识别率和权威性应该是毋庸置疑的。

语音输入练习表达能力的原理

　　目前我们用语音输入面临的一个核心问题，就是如果我们的话语是不连续的，那么语音输入就会断掉——软件不会等我们很长时间。所以正好就成为了考验我们表达能力持续性的一个技术手段。

　　在利用语音输入的时候，如果你的语音有几秒钟左右的停顿，那么语音输入就会自动终断，要想继续输入后面的内容，就要重新按输入按钮，叙述的连续性就会打一定的折扣。所以如果你能够实现连续地输入本身也就说明你思维的连贯性和表达的连贯性达到较高的程度。这不是嘴上说说或者心里以为可以就行的，而是要长期地训练，那么谁会陪你训练呢？肯定不会有太多的人能够成为你的陪练伙伴，所以有一款机器和软件就是最好的了。

对于大部分人来说，很多时候脑子里闪出一个概念或者一件很有意思的事情自己觉得很成型，但是真的要把它完整地叙述出来——特别是用口头语言表现出来就会发现很困难。口头表达和文字表达的不同就是：打字或者写字本身就给了我们很长的思考时间，因为手写输入的效率没那么高，每次手写输入一个字，实际上是口述表达的几倍的时间，没有想好就可以停顿下来不写，而使用语音输入和平时说话是非常像的，上下文的输出要很连贯，对于时间要求非常的严格，你停顿一秒一句话就可能断掉，所以运用这种方式能够真正考验我们的实时表达能力。而且，要想软件能够听得懂，我们的吐字就要尽可能地清楚，吐字含混不清，软件的识别率就会比较低，所以这在客观上又训练了我们的吐字清晰度。

所以，在长期的实践中，我总结了这样一个等式：语音输入"听懂了"＝我们的听众也会听得清楚＝表达能力的提升。

一旦这种能力形成不仅大幅度地提高你的连续表达能力，还可以在平时工作生活中随时记录下你突然产生的灵感、思绪，或是突然想写的一篇文章、文案、心得，这对工作和个人的提升都是非常有帮助的。

克服心理障碍是流畅使用的前提

使用语音输入的这种方法，大概需要一个月左右的时间来克服自己总怕语音输入中断而带来的紧张感。一旦打破了这种心理障碍，无论是整体的连续表达能力，还是用语音输入来写文章、写材料的能力都会大幅度提升，当然，克服阻碍的过程是艰辛的，但挺过去就是坦途大道！

在尝试使用语音输入之初的一段时间，我身上生了很多奇怪的事情，都成为了阻碍我继续练习的拦路虎，比如：我会手臂发痒，喉咙发紧，这令我非常痛苦；再比如有一段时间使用语音输入会感觉到口水异常增多，阻碍了我的通畅表达；我甚至在最初的几天觉得语音输入逼迫着我不断说话，让我有点变得神经了。这些都是我遇到的生理和心理上的困难，成为我使用这一工具的障碍，让我有放弃的冲动。但是我又意识到这些问题其实也是我在面对公众时同样会遇到的问题，也许克服了使用语音输入时的这些生理和心理问题，就同样克服了演讲时遇到的同样麻烦，于是我咬牙坚持了下来。大概经过了近一个月的时间，这些症状才慢慢消失，我的流畅表达自然进入了新的境界！

宝剑锋从磨砺出，梅花香自苦寒来。相信努力的您能比我更快地适应和熟练使用。

第五章
透视

正反剖析
点亮前行

一次很糟糕的演讲经历

在我的工作经历中，作为主持、演讲嘉宾或者活动策划者乃至牵头人参加过大大小小上百场的晚会、演讲比赛、产品推介会、路演、论坛，所以经验应该是很丰富了。但即使是这样，一不留神或者一松懈，我仍然会出现公众演讲"滑铁卢"。和大家分享下面的这个经历就是想说明：无论你的演讲经验多么丰富，无论自己有多么自信，还是要细致准备、认真对待任何一次活动中的公众演讲机会，这样才能够顺利并且逐步提高自己的水平，否则就会品尝到"有失水准"的滋味。

2017年下半年，我牵头举办了一场比较大的沙龙，我在这次沙龙上既做主持也作为其中一段核心主题演讲的演讲嘉宾。在我的眼里，这次沙龙只是一次常规性的沙龙，我已经牵头举办过这样的沙龙有十余次，比这次沙龙场面大得多的论坛和大赛颁奖晚会也参与过很多次了。因此我一直成竹在胸，基本没有准备——甚至没有准备任何台词，对于流程也完全不熟悉，而且在沙龙举办的前一天，因为工作原因，我还喝了很多酒，当天晚上又因为喝酒导致睡不着，翻来覆去折腾到凌晨三点半。因为前一天已经订了6:40分的滴滴专车到广州开发区的会场，7:20左右要到达，所以我就只在沙发上躺了一会儿，睡了不到 3 个小时。

　　7:30 的时候，我开始与现场工作人员检查会场，一开始倒还好，8 点多的时候开始感觉体力有些不支，思维混沌，难以进行正式开始前的唯一彩排。后来的种种出错证明了我的这次演讲和主持经历是我近几年比较失败的一次——甚至是最失水准的一次。

这次主持和演讲问题分析

　　（一）**精神萎靡**。因为前一天晚上喝酒且睡眠严重不足，导致整个人的精神状态比较差，站在台上没有激情澎湃、昂扬向上的张力；眼神中缺乏光彩，缺乏引起观众去目光交流的吸引力；语音沙哑、语调平淡、话语中没有热情和调动力。

　　（二）**思维混沌**。该有的那种妙语连珠的状态基本消失殆尽，虽然能够保持主持的顺畅与连续，但是却难以打动观众的内心，沦落为为了完成任务而说话的低水平主持与演讲。

　　（三）**错误频出**。在介绍出席领导和嘉宾的时候——因为没有准备提示卡——领导和嘉宾有十几位，居然把最后的五位嘉宾的名字说乱了，而且还忘了两位，虽然在事后找补回来了，但是对我自己仍然形成了一定的心理压力和影响。

　　（四）**没有排练而导致小状况频出**。因为此前完全没有排练过，所以我在上台之后忘记了打开演示笔的开关，所以大概有十几秒的空白时间，我在台上显得很尴尬，无论我如何努力地按按钮，那个屏幕就是没有变化，弄得我非常紧张——即使我此前有了充分的演讲经验。另外就是在我演讲前要放一段小视频，还是因为没有与同事演练过的原因，导致我的同事对这一段视频播放不熟悉，视频播放中断了有10秒后我的同事才发现，但是观众们早已发现了，搞得我又非常尴尬和紧张，当然现场的观众也很尴尬。最好笑的是，本来我想模仿科技公司产品发布会的范儿，所以第一次安排了我上台演讲的时候全场暗灯，有一台射灯射向我站立和走动的区域，营造一种神秘的氛围。但是因为此前没有了解和适应这种灯光，当我正式上台演讲后才第一次体验到射灯的厉害——搞得我晕头胀脑，极大地影响了我本就脆弱的精神状态。

（五）**PPT之痛**。我使用的PPT是半个月前用过的PPT，那次我讲得很好，所以我仍然停留在那时的记忆中。这一次因为主题不同，所以就不能完全按照上一次的PPT的顺序和内容来说，我又没有细致调整PPT，以为凭借着三寸不烂之舌，能够忽悠过去。结果真正讲的时候，我明显感觉到我讲的逻辑顺序与PPT的前后顺序不对，内容也有点搭不上，我就只能按照我讲的顺序不断地用演示笔前后找寻对应的PPT内容，每次找寻都要5秒乃至10秒以上的时间，这一段寂静的、大家共同等待的时间令人非常难受和紧张，还有两次因为过于紧张，我没有找到对应的PPT页面，只能靠着记忆说，于是内心方寸大乱。

（六）**没有控制好演讲时间**。此前我告诉工作人员，我的主题演讲时间是20分钟左右，结果我因为不在状态、没有排练、PPT内容顺序有问题、且实际上没有对所讲的内容进行时间长度梳理，所以当我讲到了20分钟的时候，我发现还没有讲到最关键的内容，所以只能硬着头皮讲，结果导致本来20分钟的演讲延长到了50分钟。这极大地打乱了后续环节的时间安排，本来预计 11 点结束的沙龙 11:30 才结束，沙龙结束后的领导参观行程和其他座谈流程都受到了影响。

沙龙结束后，虽仍然有陌生的客户和媒体界的朋友说我的主持与主题演讲非常不错，令人印象深刻；但是熟悉的朋友和同事们都默默地收拾会场，不再谈这次沙龙，因为我们清楚，与此前的沙龙相比，这次有失水准，虽然不能说这是失败的沙龙，但是只是一场水平普通的沙龙。所以这是我最近几年一次非常失败的演讲和主持的经历。

经验和教训

这一次主持和演讲的经历充分惊醒了我，我有以下的体会和教训：

（一）**鼓励自信但是不要盲目自信**。不要自视甚高，不要因为自己有经验就觉得可以不用准备、直接上台就能够游刃有余。经验可以带来自信，但是却不能盲目和自傲。

（二）**保证基础睡眠**。基本的睡眠是保持演讲良好状态的基础，精神状态是无法临场用咖啡、红牛等饮料来逆转的。缺乏睡眠会加深紧张和焦虑的程度，有百害而无一利。

（三）**排练、排练、排练**。正式开场前，必须要排练！排练不是走走台就算了，而是要从头到尾地真实模拟，只有全流程彩排，才会发现那些存在于细节中的问题——比如话筒的声音、演示笔的开关、PPT 的错别字、视频的播放、射灯光是否刺眼等。正式开场前没有留下充分的时间排练，正式开场后出现的问题造成的负面影响花再多倍的时间都难以挽回。

（四）要有对团队劳动负责的责任心。沙龙、推介会和论坛等是一项群体性的团队工作，自己认真负责也是对团队努力的负责，所以要认真细致对待。

　　这次沙龙的举办给了我很多的思考，在公众演讲的经历中，不仅需要成功的经历带给我们昂扬向上的自信，也需要在那些不太成功的经历中深入思考和反思，这是另一笔不可多得的宝贵财富。

令人"发疯"的推介会

2019 年 12 月，我行组织了一场非常成功的与网络信贷紧密相关的产品推介会，这是一款基于网上银行和手机银行操作的互联网金融产品，主持人很出色、工作人员很出色、产品演示人员也很出色。

推介会的闪光之处已然成为我们每位参与者的机遇瑰宝，我们永远珍视它；能让我们更为卓越前行的则是这次推介会中的那些总结与反思：为了形象地展示这款产品的便捷，我们引入了产品现场演示环节，这个环节中设备出了一些问题，引发了一系列的连锁反应。

推介会镜头回放

正常启动仪式前的准备，同事们是非常细致的，前一天和当天测试了多次，演示都很顺利。我们信心满满地开始了产品发布会。

但是不巧的是，正式的发布会上，在产品演示环节出现了纰漏。负责演示的同事在演示到了一半的时候，无法点击开下一个界面，这时主持人非常给力，在演示的同事调试设备的时候用几句台词串场，将观众的注意力进行了一定程度上的分散。

然而一分钟过去了，界面依然无法打开，全场人士都意识到了很可能是网络问题，LED 大屏幕上显示的是苍白无力的出错界面，时间每过去一秒钟，现场气氛都更为尴尬。

我们全体工作人员都愈发紧张起来。

眼见调试无望，主持人和演示人员虽然没有进行话语沟通，但是都意识到这个过程无法持续下去，主持人打破了沉默说道："我们的演示出了点小问题，不过没关系……下面我们邀请已经使用过该产品的企业家代表来和大家分享这款产品的使用感受"。

一个及时的救场，各位在台下的同事们松了一口气。一位企业家上台开始与大家分享产品使用感受，LED 大屏幕的背景也换成了"产品使用感受企业分享环节"，这位企业家分享得非常精彩，刚刚产品演示造成的尴尬氛围过去了，观众开始专注于企业家的感受分享。

就在这个时候，一直站在台旁边的工作人员找来了负责网络维护的工作人员，这位维护人员为了将之前无法加载的页面调整好，只得把 LED 屏幕上"产品使用感受企业分享环节"背景 PPT 切换掉，换成了刚才出错的登陆界面，于是在接下来的三分钟时间里，观众们一边听着企业家的分享，一边看着大屏幕上的登陆出错界面，刚刚过去的尴尬氛围又席卷回来，更为雪上加霜的是这位工作人员一直没调节好，他与企业家一左一右同时站在舞台上，刚才产品的演示出错又延伸如此尴尬的新枝节。眼看着这位企业家快讲完了，LED 屏幕都没有恢复到"产品使用感受企业分享环节"这个本来应该出现的屏幕背景。在企业家演讲的环节，因为要调整网络，其他与本环节不相关的 3 名人员在舞台上不合时宜地出现了 4 次左右。

除此之外，还有更多尴尬，在最后的环节，主持人、企业家代表和这位产品演示人员进行三人共同座谈。主持人分别向企业家代表和产品演示人员提问，然后回答。等轮到产品演示人员回答问题的时候，他说得很精彩，结尾的时候也很动人。但是当大家以为他说完了的时候，他出人意料地拿出了自己的手机要把刚才没有演示成功的视频用手机演示给观众，还补充了一句："虽然手机大家看不清楚，但我还是想给部分观众看一下"。然后前排观众等了十几秒左右，等他操作好手机。结果手机也出了问题。最终这位产品演示人员还是尴尬地放弃了。

　　这个环节结束后，主持人发表了几分钟的结束词，并且说了两次"这次产品演示虽然出了点问题……"，于是又让观众回忆起了这次尴尬的产品演示。

　　好的，说到此处，这场令人"发疯"的推介会就回顾完了。我们看到，产品演示人员在第一次演示时因为技术原因出现中断后试图挽回，但是没有成功，活动的节奏已经被影响，不过还好，主持人及时跳转到了下一个环节；在无法确定是否能够在极短时间内修复内容的情况下，试图修复的努力没有成功，而且这种努力的代价是在众目睽睽之下侵占了下一个活动环节；不仅如此，第二次拯救没有成功后，整个流程已经进入到了与产品演示完全无关的第三个座谈环节，但是产品演示人员在毫无征兆且未和任何人商量的前提下，私自又做了一次决定，并且依然失败，这又给这场推介会带来了一场巨大的尴尬。

推介会出问题了应该怎么办

回顾整场令人"发疯"的推介会，我的建议和结论是：

（一）**该放弃时就放弃**。一旦流程出错，如果现场条件不佳，就不要试图去挽救，而是由主持人宣布进入下一个环节。比如上文提到的现场，屏幕不具备双屏切换功能，所有屏幕链接的是一台电脑，所有操作都在这台电脑上，也就是说当另一个环节已经开始的时候，新环节的屏幕背景已经打出来了，结果就因为产品宣讲人试图重新登录界面，在众目睽睽之下，把新环节的背景屏幕页换掉了，而展示出了"页面出错"的界面，并且在大家的注视下修整系统，这令人非常尴尬。如果一定想尝试补救的话，最多只能补救一次，而不要多人、多方案地来回尝试和走动。

（二）**不要刻意提醒**。在一场活动已经出错了的情况下，主持人也不要试图用语言去补救已经出错的流程，不要重复、刻意地提起或者反复地道歉。事实上很多情况下的错误，观众不一定都察觉到了，而且就算察觉到了也没有放在心上。但如果主持人反复用话语解释出错原因，或者用话语提到出错过程，就会强化观众对于出错的印象，反而得不偿失。

（三）**事先做好出错救场预案**。一般在路演、产品推介会上容易出现的问题是PPT的内嵌视频播放不了、话筒没声音、网络出现故障，甚至会有企业或者嘉宾在上场前提出临时更换PPT等问题。这些常见问题在各类推介会上密集出现，所以需要我们事先准备应对预案。

当然有的朋友会说绝对不能允许以上情况的发生，务必确保全流程的通畅。这种话讲起来容易，但实际情况是，各个公司在举办这些仪式的时候，不是专业团队在组织，而是普通工作人员的临时组合，人员队伍也不可能长期保持稳定，以我在过去几年参加的上百次的这种推介会的经验，我没有遇到过完美的、没有任何环节纰漏的推介会，这是大数据的结果。

在这个背景下，我们就需要有一套对常见问题的备用解决方案。比如演示笔要有两个，两个演示笔的接收端都要提前插在电脑上；话筒要准备1~2个；准备一台备用电脑提前拷贝好演讲PPT，一旦一个出现切换失灵、网络断开问题，马上更换另一台电脑；准备双无线网，一个网络失效立即切换到另一个网络；如果有实物展示、操作环节，在台下可以准备两台左右观众体验电脑，如果工作人员展示失败，可以提醒观众在体验电脑上自己动手体验；特大型的重要推介会还可以事先准备一个全流程演示的录播视频（录播视频可以储存为本地视频，不需要连接网络和放进PPT内，直接打开就能播放，失败风险很小），当电脑演示出问题的时候可以灵活启用视频演示。

（四）尴尬的有效逆转。一旦出现被迫的流程中断现象，冷场是非常糟糕的体验，一旦全场寂静无声，演讲者也只是不说话干等着的话，这场演讲基本就失败了一大半。所以紧急关头的"救场"就尤为重要。大部分情况下出问题的是LED屏幕，所以不能依靠用LED屏幕播放其它画面等方式救场，这样也会显得过于突兀。这个时候就需要演讲者巧妙地救场。救场的关键就是要风轻云淡地当做什么都没发生，很优雅地把观众的注意力集中到本人身上，而不是停留在解决问题的现场工作人员或者出错的屏幕上。这就很需要技巧。

转移观众注意力有几个要点：

（1）转移大家的视觉点。

（2）转移大家的思维兴奋点。

如何操作呢？就比如演讲者可以顺着中断前的话题，走到观众席中，进行现场提问，这样就会把观众的视点从舞台上转到观众席中。然后可以进行"有奖竞答"、"有奖游戏"这样的互动，这样就能够转移大家的思维兴奋点。当然奖品越劲爆，效果就越好哦。

一旦主讲人成功地转移了观众的注意力，那么就会形成一个良性循环。因为这样的话，在台上或者后台快速解决问题的工作人员心理压力也会降低，而其他打配合的同事也有时间去准备一个新的后续计划和方案。这样即使故障没解决，在大家的热闹过后，也可以自然而然地过渡到下一个环节。

（五）保障信息通畅。现场要安排一位控场导演来统一指挥和应对现场的各类突发情况和各项流程的顺利衔接。并且要有一位现场工作人员，有效地在控场导演、主持人、产品演示人员（推介人员或演讲人员）之间传递信息和指令。

没有找准自我定位的
演讲比赛

　　2019年4月的一天，我所在银行的一位副行长找到我，他分管团委工作，团委的一位青年女孩要参加省举办的五四青年节演讲比赛，这位领导找到我，让我为这位女孩子指导一下。

　　这位女孩子刚毕业3年，还很年轻，我姑且称她为Y吧。

　　Y没有过演讲经验，演讲稿是支行团委负责人和她共同写的。

　　以下已经是这位女同事第二次修改的演讲稿。

各位领导，各位评委，各位亲爱的同事：

　　大家晚上好！

　　我是来自开发区支行的XXX，很高兴今晚能在这个舞台上，与大家分享我的演讲。

让青春因奉献而更闪亮

　　今天是2019年5月4日青年节，一个充满着活力和希望的日子，经过我们三年共同的努力，广州地区已提前实现"2025"和"2040"战略目标，"决胜大广州"也从过去的疑惑变成了今天的现实。过去三年，我时刻紧跟省分行党委前进的步伐，坚持每年制定个人成长计划，列出工作任务清单，定期总结归纳，就这样，我一步一步实现了个人三年目标，我也很意外自己能坚持下来，但更让我想不到的是，我那微不足道的努力也为省分行战略目标的实现带来了我意想不到的贡献。

2016年，我作为一名刚入行两个月的新行员有幸参与省分行教育金融统筹型业务。那一年，省分行相继启动了教育金融、科技金融和全国同业首创的住房租赁，我有幸在众多领导与前辈的带领下，接触了许多领域的业务，对公的信贷、零售的产品、线下渠道的建设和线上平台的运营，从一开始什么都不懂不清楚不了解，到可以相对宏观地看待一个客群的经营，一次同业的较量，一次改革的决心，省分行大而全的目标、快而准的目光，让我更坚定了"决胜大广州"的目标与信念。

我们作为新时代的青年员工，一定听过早年的一封"世界那么大，我想去看看"的辞职信，那道出了多少人的心声。我入行前，也经常认为银行的工作挺轻松的，但大家还记得那一年"小蜜蜂有爱"的发布会吗，我们行的小蜜蜂终于飞入千万家幼儿园了，我有幸作为本次发布会的策划者，也第一次深深体会到从一名大学毕业生到一名独当一面的职场人，为了做好发布会的整体方案、流程设计和外部公司的业务对接，我基本每天都加班加点地投入该项工作，那时，我才发现原来一场活动的背后要准备那么多东西，一张A4纸大小的流程表要修改那么多次，一个普通的客户也要尽最大努力去争取。市场很残酷，只有付出比别人多才有资格留下，职场很公平，只有付出比别人多才有资格成长。特别对于我们这一代青年员工来说，我们不需要远离凡尘，职场发展的路上，你的付出，你的决心，你的梦想，就一定会遇到最美的风景。

我时常跟大家分享我在省分行的所见所闻。其中，最让我引以为豪的是我们省分行银校通项目的突破，我见证了省分行党委领导亲自上阵，充当了营销的先锋，二级分支行的领导高效率的执行力，基层网点不辞劳累地拜访客户，上下一心，众志成城，从 40 家高校银校通上线项目到 91 家院校的高度肯定，市场覆盖率达 60%，同业第一这骄傲的成绩，我想，省分行有这样的决心与执行力，"决胜大广州"肯定能取得成功，我们更要坚定信念，要相信自己，相信省分行。

"决胜大广州"，任重而道远，但我们不畏难、不推责，我们勇于担当、激情奋斗。这是青春应有的活力，这是我们作为新青年，作为一名党员，应有的模样。而这一份使命感，这一份拼劲，都源于我们是 X 行人。

人生而平凡，但我们不甘于平凡，我们要让生命绽放，让热血沸腾，让青春在 X 行的蓝图上闪亮。

我相信，今天我们之所以能取得如此好的成绩，是大家共同奋斗的成果，更是我们对"决胜大广州"信念的坚定。

2016 至 2019 年，这 3 年，我亲眼见证了省分行一步一脚印地在前进，在改变，同时，省分行也给予了我们一个广阔的舞台，让我们在职场发展的路上，得到了很好的历练与成长。作为一名青年员工，我愿意说，我无悔。

未来，让我们继续努力，去探索未知，创新模式，与省分行共同成长！

谢谢大家！

这位女孩刚毕业3年，从来没有参加过演讲比赛，是那种比较瘦弱、甜美型的，她没有太多的工作经验，也缺乏一定的社会阅历，嗓音比较甜美，但是声音不大。当时离五四青年节的演讲比赛其实只有两周左右的时间了，她是不可能在短时间内快速提升演讲的技巧、能力以及学会运用太多肢体语言的，我觉得她的劣势就是年轻和职场新人，但是这恰恰也是她的优势，因为这是五四青年节的演讲比赛，当然是要凸显年轻和活力的。三年时间的一些职场和成长的感悟，作为一名新人的生活点滴，还有她的纯真、她作为刚入行职场新人的视角下的真实的故事都是演讲中可以充分运用的弥足珍贵的素材。

只可惜，她没有充分挖掘她自己身上的故事，而是大篇幅地使用定性的评论。这些评论如果出自行领导或者部门老总之口，还具有一定的力度，但是从她的口中说出，就很难有说服力，显得"压不住场"。

所以这篇稿子应该结合她自己的特点来撰写，也就是说要多讲自己身上发生的真实故事和体会，少发表评论。用她那种真诚的、年轻的、职场新人的真实故事和生活中的小故事来感动人、打动人。她的嗓音和阅历支撑不了这些大段的定性的评论，所以也不可能用这些定性的评论来打动人，这就是我对她整个的这份稿子的评价。

还有一点就是这位女生此前也没有过演讲的训练，上台讲话的经验几乎为零，那么既然要代表本支行参赛，压力之大还是可想而知。所以还是应该找一下专业的老师和人员来突击的训练。我把我写的这本手册的初稿给她看了，但是对于她来讲——一个新人，是难以在短时间内消化这么多内容的。

她在有限的十几天时间里，能找家人或者朋友集中锻炼出在被很多人注视的情况下不晕场的能力，这就已经很好了，不能够贪大求全，试图把所有的技巧都学会。这些技巧也是不可能短时间内学会的，是需要在若干年的实践比赛中不断积累提升的。

后来，这位年轻的女同事接受了我的建议，在较短的准备时间里，注重突出展现自己的亲和力和青春飞扬的特点并突击训练了自己不晕场的能力，总体表现不错，获得了第二名的成绩，给自己以很大的信心。

她也获得了很多领导、同事们的肯定，这场演讲比赛后，她与很多比赛的人都成为了朋友。

她体会到了公众演讲批量社交的魅力，并在随后不断磨练自己公众演讲的能力，不断创造机会让自己能够在公众场合演讲，在此基础上不断地扩大交际圈。

一次成功的科技金融演讲

2019 年 8 月，我参加了"科技企业资产并购"金融论坛，我迎来了重要角色转换，可以第一次不用做主持，而是做主讲，这次在论坛上讲课的一共有 7 个人，我是其中之一。这一次有各方面的重量级嘉宾出席论坛，领导十分重视，我也十分重视，做了万全准备。

论坛给我的演讲时间是 20 分钟，从结束后听众的反馈情况来看，我的演讲是这次 7 个人中最成功的，也是截至目前，我最成功的一次。

其实，我演讲的题目是《"技术流"科技企业专属评价体系》，其中涉及到很多晦涩的概念和公式，而且很多概念比较复杂和枯燥，是不太容易引起观众共鸣的。再看一下参会人群，这次的 500 多人中，学术界人士仅占其中的很少一部分，金融界的专业人士也仅有几十人，更多的是政府人士、企业代表和媒体人士。他们都对科技金融有着较高的热情，但是对艰深晦涩的概念又并不是十分精通，所以就很考验演讲者深入浅出的功力。

我这里重点描述下我本次准备的重点。

有效的类比和举例子

读者们可以不用深究我本次演讲涉及的"技术流"是什么,只需要知道"技术流"是科技金融领域中一个比较晦涩的专业名词就行了。既然绝大部分的听众都非专业的人士,并且我的演讲时间只有20分钟,那么就要把"技术流"讲得生动易懂、形象简洁——尽量达到有趣的程度。那么我想通过类比和举例子的形式让听众们理解"技术流"的诞生背景、"技术流"的作用和应用领域,应该是一个比较正确的决定。当然,类比的事物和举例子的事例要让大家耳熟能详。

只有用每一个人都熟悉的事物才能形成类比的有效性。思来想去,我借用了大家高中时代就都学过的法拉第电磁感应原理;还有比较出名的特斯拉电动车与特斯拉本人的关系;国民度很高的体育和文艺明星;大家几乎都使用过的华为与格力电器等,尽量把一个个晦涩的概念讲得生动有趣、妙趣横生。

比如:在讲到"技术流"这个科技金融的评价体系在科技金融中的重要作用时,如果我直接说"技术流"是科技金融的重要的理论基础,必将对科技金融的发展产生极为重要的影响,大家是没什么概念的,也不会引起大家的反响。

于是,我在演讲内容中以"特斯拉"这辆网红车为入口,一下子就引起了大家的兴趣。我说:"大家都知道特斯拉电动车,很多人都想买特斯拉电动车,但是除了少部分人之外,很多人其实不知道特斯拉首先是一个人,其次才是一部车!那么为什么一辆电动车要用一个人的名字来命名呢?那是因为特斯拉这个人是科学家,他对交流发电机和电动机的应用有着巨大贡献,所以为了纪念他才把电动车的名字命名为特斯拉！"我再往前分析："交流电动机和发电机的应用又要靠一个人，就是法拉第，因为法拉第发现了'电磁感应现象'，成为发电机和电动机的核心理论基础。"这样循序渐进，演讲的第一个理论就出来了：理论基础能够催生和支撑革命性的创新产品——革命性的创新产品能够支撑出变革性的体系！所以这样一解释，大家就很明白了。

我这次演讲的另一个重点是解释为什么"技术流"评价体系能够有效支撑商业银行为科创企业提供专属的绿色审批通道和信贷服务通道。如果要解释清楚这个问题，也有一定的难度，解释起来也很晦涩！还是要生动地类比——于是我想到了把所有企业比喻为学生，把科创企业比喻为"特长生"。商业银行为企业做贷款相当于大学对学生的录取！普通的学生基本是凭借正常科目成绩进入大学，而特长生是——比如说体育特长生和文艺特长生当然要既考特长课，又要考文化课，两大类成绩的加权结果就能够决定这位特长生是否能够进入到体育大学、音乐学院或者电影学院等。但是如果对体育特长生和文艺特长生单纯只考核他们的文化课，完全不关注特长科目，那么他们考上艺术、体育类院校的可能性就会受到很大影响。所以，我们的"技术流"评价体系就是相当于支撑商业银行，为科创企业这种"特长生"开设了特长科目的考试课程，能够让这类企业找到更合适自己的路数，也相当于为科创企业基于自己的特色提供了"特长"加分！

精心做好 PPT 的设计

在本次演讲的 PPT 的设计过程中，我也花了很多心思。

因为我提前了解到：正式演讲的场地是在广州珠岛宾馆的八角楼，现场场地很大，能够容纳 500 多人，LED 屏也很大，在 LED 屏上如果播放过于复杂的 PPT 经过屏幕的放大容易给人以太花哨的感觉，观众的目光就会集中在 PPT 上，而不会更多地关注演讲者本身。我当然希望观众们更多的还是关注作为演讲者的我和我想传递的思想！

我是这样处理这个矛盾的：我把 PPT 做成了纯黑色的背景，涉及相关内容的图片全都根据图片的功能性做了形状的调整，而不是单纯地用长方形或者正方形的图片。这样使得整个页面看上去非常柔和，观感更轻松。此外很重要的一点就是 PPT 上的文字尽可能要少——PPT 的内容只是用来罗列我个人的观点，甚至只罗列我的观点中的部分关键词，而不是大段大段地照抄上去！

另外，锦上添花的是，我还在演讲之后的高潮部分，配了一段《童声弦乐重奏》的歌曲作为背景，在我演讲接近结尾的部分音乐适时响起，让大家迅速感觉到我的演讲到了高潮部分，起到了非常好的衬托作用。

舞台上的王者

我在舞台上演讲的时候，也注意适度走动，更多地用肢体的力量来衬托和增强我语言的力量！比如当我强调"技术流"为科技金融的发展打开了更为广阔的天地时，我会较为夸张地张开双臂，在空中画一个"大圆"出来；再比如当我强调"技术流"评价体系为科创企业获得融资提供了强有力的支撑时，我会握起拳头，给大家一个有力的肢体形象支撑！

除此之外还有我前文提到过的表情管理、眼神交流以及语速把控等等演讲过程中不可忽视的每一个小因素，我都在这次演讲中强迫自己一一去做到，比如坐在会场前几排的都是一些很大的领导，我每讲到一个概念尤其是涉及台下某个领导刚好管辖的内容，我都会精准地找到他们进行眼神的交流，让他们意识到我已经"盯"上他们了，领导们大多会心一笑，有了这样的交流，会后怎么还好意思不给我们提供支持和帮助呢？

整个演讲结束之后，一位在香港派出机构的相关领导主动过来与我热情地握手，说这是他们近年来听到的非常出色的演讲，不仅准备充分，而且非常生动，我的肢体语言和我的普通话包括我的整个的语音语调展示得也非常有感染力，让他们感觉非常好，听得非常明白，并且印象深刻！

他们还特别邀请我有机会一起到香港进行授课，后来果然邀请了我到香港交流。

这次演讲对于我来说又是一次职业生涯的丰富，不仅传播了我们的科技金融理念，而且也为我自己交到了职场上的朋友和合作伙伴，确实是一次很好的公众社交体验。

批量交友超过百人的成功演讲

行文至后半部分，我一直在提及的公众演讲能够批量社交的功能近期再一次得到验证。

最近，我受东莞市总商会邀请，参加"东莞市工商联（总商会）科技、金融、产业三融合工作委员会成立大会暨三融合发展论坛"主旨演讲，论坛场地面积有 1800 平方米，600 余人出席。

我的主旨演讲被安排在 4 位演讲嘉宾的最后一位，前 3 位演讲嘉宾已经超时，所以等我讲的时候已经是接近晚饭时间的演讲"地狱时间"。

虽然形势非常不利，但我还是靠前期准备和临场发挥完美地完成了这次演讲。

演讲之前，我花了很多心思制作了言简意赅、重点突出的 PPT。每次演讲我都很重视 PPT，因为 PPT 如果做得不好，即使演讲能力再强的人站在台上都会遇到很大的阻碍。所以我把我能够想到的内容尽量浓缩成几个字，最多十几个字，以便给观众们一个简明易懂的纲要，也给我自己一个好的演讲提纲和指引！比如本次演讲，我想突出小微科技企业对于企业融资服务最强烈的几项诉求是"快速""简便""信用"，那么我就用三张PPT分别写了这三个词上去，不加任何繁琐的大段解释文字，让观众一看上去就会觉得简明扼要，主题突出！

演讲过程中，我事先准备了三个生动、形象的故事和例子。比如我准备了一个因为融资不及时而耽误生意的简短例子，因为是我自己经历过的真实的事情，所以对听众来讲很有带入感。实际上，我的这次演讲就是用这三个故事串联起来的，用三个故事分别诠释上面说到的"快速""简便""信用"三个词汇。

按照之前的惯例，我提早到达了现场，进行了较为充分的彩排，熟悉场地、熟悉音响、熟悉录音笔等设备。即使我已经非常有经验了，我也很注重彩排。本次演讲是在东莞市的会展国际酒店的国际宴会厅，当天会有近600人到场，现场压力会很大，所以更需要提前彩排，做到心里有数、有的放矢。高质量的彩排对我的现场发挥有着非常大的支撑和促进！

因为事先考虑到了我被安排在最后一个发言的"地狱时间"带来的演讲压力，再加之回顾我曾经参加的演讲，只要前面的演讲人比较多，就一定会被拖后时间，所以我预计轮到我可能是17:30（计划上是16:40）。实际上我也果然没猜错，确实是接近17:30才开始轮到我讲，显而易见大家已经不太有耐心了。我的应对之策就是一方面进一步提升自己的气场，另一方面要给自己的演讲加料——就是加包袱！我事先想到了一个包袱，应该足以吸引大家眼球，其实就是我的大学同学——"今日头条"的张一鸣，他创办的"今日头条"是科技创新企业，成为全国人民心目中的明星。但是张一鸣创业之初的情况当然也不是一帆风顺的，面临很多困难，最核心的当然就是资金。但是张一鸣的企业很幸运，融到了资，于是为我们贡献出了"今日头条"

和"抖音"等很好的服务，但是如果当时张一鸣的企业没有融到资，我们今天可能就没有以上两款优秀的产品可用了。在抛出这个包袱后，大家想早点吃饭的躁动心情果然平稳下来，都开始认真地听我的演讲。我从张一鸣的融资谈到科技创新企业的成长，进而谈到科技金融，就让大家自然而然地进入状态，很快地抓住了大家的眼球。

当然整个演讲过程中，我也特别注意不断地给自己心理暗示，给自己打气。随着演讲的不断展开，我在心底告诉自己：一定要用自己的热情点燃现场，声音可以再大一些，动作可以再夸张一些，"射"向观众的眼神要再热烈一些！事实证明，这种心理暗示也非常有效，确实点燃了大家，点燃了现场，最重要是——点燃了自我。

得益于我较为全面的准备，更重要的是凭借着平时较为扎实的公众演讲底子和场面越大越兴奋的能力，我演讲结束后，马上有大量人员涌过来找我递名片、加微信，我带来的30多张名片几乎是被抢光的，不断有人要求我拿出手机扫描我的二维码加好友。

更没有想到的是，德高望重的东莞市总商会会长还专门邀请我到贵宾室交流，半个月后又出人意料地打电话联系我，专门邀请我到酒店用餐，让我培养他身边的几位下属，还给我介绍了更多的朋友。

原本我也只把这次演讲作为一次普通的推介会，没有过多地奢望本次演讲能够取得多大的效果，结果会后朋友们的纷涌而至，几乎是把我手中名片"一抢而光"的热情，让我有点受宠若惊！

那天公众演讲结束后，我粗略统计了一下，居然一次演讲就有113位原本陌生的朋友申请加我的微信，这里面有江西、湖北、湖南等7个省的商会会长，还有很多知名的但是我还没来得及拜访的企业家。

这让我感到很激动，也让我体会到了公众演讲的出色能够为自己带来的批量交友的优势，这是我社交的独门密器，相信也能够成为您的秘籍！

第六章
裂变

情商升级
万里鹏翼

高情商与面试

前文讲述了很多高情商的口才使用，事实上除了演讲比赛、推介会、宣讲会、授课讲座等场合，关于"高情商社交"还有一个至关重要的场合——面试。

面试一般与个人求职、升职、考试等人生关键节点息息相关。是"高情商社交"不可或缺的一部分。作为一个商业银行的面试主考官，过去 15 年以来，我每年面试的银行求职人员超过 200 位，多年累积下来居然已经有面试 3000 多人的经验了。在这些应聘者中，我发现了一个明显的规律：好学校、高学历固然是面试成功的重要因素，但是好学校、高学历并不等于高情商！而众多行业在面试过程中，往往放在第一位的是"高情商"，就像我曾经的一位领导说过："这个时代只要是大学毕业生，基本能力都是过得硬的，这些我们银行都不担心。进入到银行做得好不好，能不能为银行创造价值并且不出事，看的就是这个人的为人处事，也就是情商！有能力没情商的人进到银行，很可能成为银行的灾难！"

事实也证明，我和我的同事面试过这么多应聘者，在同等能力，甚至是能力稍弱一点的情况下，拥有"高情商"的人往往能够获得更好的工作机会，取得更好的面试成绩。虽然说我主要的面试经验聚焦在"商业银行"这一块儿，但众所周知，银行的求职面试要求几乎兼具了大部分国企、金融公司、科技企业、公务员事业单位的用人喜好，所以说是具有普适性的，当然如果有正需要向银行投递简历的您看到这本书那将是更具有"杀伤力"的面试指导了。

我与银行面试有缘

自 2005 年大学毕业以来我一直在银行（以下简称"A 行"）工作。我是在 2005 年 2 月份才决定找工作参加面试，当时的企业校招已经快接近尾声了，工作岗位剩余比较少，所以竞争非常激烈——甚至到惨烈的程度！即使在这样的背景下，与很多同届的大学毕业生相比，我在短短的一个月里就拿到了 6 家银行的 offer，而且是面试"全中"。

我在入行不久后，就在 21 名同届大学毕业生中（另外同我竞争的还有比我早来两年的三位同事，他们的竞争力很强）被直接选拔为行务文秘，负责给市分行一把手做一些辅助工作。行务文秘的岗位经历对我的职业生涯有相当大的积极影响，并且影响深远。我能脱颖而出被选拔为行务文秘，追根溯源，除了运气等因素，我的领导告诉我，是因为我的求职面试表现十分优秀，当时面试我的 A 行人力资源部老总对我印象非常深刻，当场就记录了我的名字，把我划进了行务文秘的候选人，并在第一时间把我推荐给了用人部门。

积极影响一般都是持续而绵长的，进入银行未到半年，刚刚离开校园稚气未脱的我就成为招聘"2006 年应届大学毕业生"的银行面试官。当然这其中夹杂了一些运气成分：当时银行的招聘整体还不够职业化和专业化，加上那几个月人力资源部又比较缺人，考虑到我在刚结束的面试中表现的很出色，所以人力资源部老总直接就让我当面试官了。

我深刻地记得这第一次面试官的经历是在暨南大学的操场完成的。当时在广东省，暨南大学在每年的 10 月或 11 月左右都会在学校举行面向全国的银行招聘专场，来自天南海北的大学应届毕业生们挤在操场或者体育馆参加由十几家乃至几十家银行组成的集中面试，场面蔚为壮观，令人终生难忘。

2006 年这一次的面试，暨南大学安排在了露天大操场。广东十月的天气还未转凉，非常晒又非常热，紫外线强烈，作为面试官的我即使坐在遮阳棚里都感觉到炎热难当，以至频繁地喝水都感觉到非常口渴！我所在的银行由 4 位面试官组成了 4 条面试队伍，站在我面前的是长达 100 多人的面试队伍！这些即将大学毕业的应聘者们不敢喝太多水，因为怕上厕所，要被重新排队。此外操场上没有遮挡，只能被暴晒，而绝大多数应聘者穿的都比较正式，并且都是黑色的西装上衣和长袖衬衣，所以非常热。

我一开面试得非常认真，每个人面试了 15 分钟，后来发现后面的人等得实在不耐烦，我的嗓子也开始"冒烟"了，所以从第 5、6 位开始，面试时间就自然而然地缩减到 10 分钟，再后来就缩减到 5 分钟，不多久又缩减到两分钟左右。我们的面试是早上 9 点开始，中午 12:30 要吃饭,我也不敢多耽搁,因为面前居然还有 100 多人排队(陆陆续续不断有人加入，有的在其他银行面试完，又加入到我这支面试队伍中），所以急急忙忙花了 2 分钟吃完盒饭接着又马上面试。那一次的面试一直持续到晚上 8 点多才结束，面试结束后我吹着这时才徐徐袭来的微风，感觉自己已经成为银行的"老油条"了。

在这样比较艰苦的环境中面试，100 多人能给我深刻印象的其实不多，只有寥寥数人——大部分的人给我的唯一印象就是递给了我一份简历。我机械地问了一些反复、重复的问题，这些面试大学生又不知所云地答了一下。所以说面试一旦遇到人多且条件艰苦的情况，对于面试官来讲，如果应聘者不是十分优秀或者说能够触动面试官内心最柔软的部分，那么能给面试官的印象就很模糊了。

我后来又连续两年参加了暨南大学的操场面试。接下来一发不可收拾：十五年的银行职业生涯中，我参加过几十次银行的招聘面试——特别是大学生的面试，我相继到（按照时间先后排序）暨南大学、中山大学、华南师范大学、华南理工大学、南开大学、人民大学、西安交通大学、湖南大学、中南财经政法大学、东莞理工大学等超过30 所高校招聘，着实开阔了眼界。最近几年我又开始协管人力资源部，更是对应聘面试有着很多体会。

我的毕业面试加上这三次的操场面试构成了我对面试的最初印象和感受——站在面试官角度看，很难记住这么多应聘者，只能选择性地记住小部分有特点的人！应聘者想要在众多人中脱颖而出，打动面试官其实并不容易，身上一定要有一种特质给面试官留下深刻印象，这个过程其实就是体现个人情商的环节。我深刻地觉得"高情商"加上"在公开场合会讲话"是求职面试成功的核心元素。

虽然现在市面上有很多关于面试的辅导书籍，但大多是泛泛而谈毫无针对性的，专门聚焦银行的面试书籍少之又少，所以我在本书的末尾，专门增加了这样一个附属章节内容，和大家共同分享一下我这15年以来亲身体会的面试实操经验，和大家一起聊聊如何高情商地拿到银行的入职门票。且从一个面试官的角度和大家分享经验，助力大家参加任何面试都能无往不胜。

银行面试招聘的
基本目的和考察方向

要想在银行面试中取得好成绩，前提是要清楚银行面试招聘的基本目的和考察方向，这里就来简单谈谈。

（一）银行招聘面试的基本目的和考察方向

银行面试的主要目的当然是要找出适合银行使用的人才。 "适合银行使用的人才"这句话都是关键字，但是一定要找出一个最重要的关键字的话，我觉得"适合"两个字最关键。"适合"谁？要适合"银行"。有人觉得"人才"才是最核心的关键字。这种理解也对也不对！因为"人才"的标准各种各样，因人而异、因公司而异、因事而异。并且据我观察：绝大部分大学毕业生都认为自己是人才，也确实是人才，但既然是人才为什么有些人没有应聘成功呢？核心的原因是银行的面试官们认为你与银行的招聘需求不匹配，不适合银行使用。所以银行面试的核心目的是考察"合不合适"，要在面试阶段把不合适的人和可能在未来给银行带来麻烦的人员剔除，把合适的、能创造价值的人才留下！

在具备高情商的前提下，银行也想借助面试留意和发现那些特殊的专才。比如文字能力、体育能力、艺术能力等某个方面特别强或者有专业证书的，或者相关专业院校毕业的人员。因为银行内部有办公室、工会等机构设置，每一两年也会适当招收这方面的特长人才，所以也会对这方面的苗子进行留意。但是最近十年，随着90后、95后大批量加入应聘大军，这方面能力强的人越来越多，体育、艺术类院校毕业求职银行的也越来越多，竞争十分激烈。同等条件下也要情商过硬才能够胜出！

说得再清楚点：银行面试根本目的就是在同等能力下，迅速区分出高情商和低情商的人员，高情商的人员就是银行需要的人才，是适合银行的人才！面试官最看中的就是应聘者短时间内展现出的高情商，这是最能够触动面试官的利器！

（二）银行面试考察方向

银行面试主要考察大学毕业生基本能力，包括两大方面：一是大学期间的基本学识、社会实践经验和能力、对银行业务的基本掌握和了解；二是在面试中通过自我介绍、面试官提问、小组辩论等方式考察一个人的精神面貌、价值观、个人性格和团队协作能力以及为人处事的能力——这些能力在本文中统称为情商！

其实很多人一直有一个误区，就是自己在大学期间考了很多资格证书，对经济学、金融、投资银行等等各种高深的专业知识都特别熟悉甚至可以旁征博引、舌战群儒，这样的自己一定是能够打动面试官的。有这种想法的大有人在，但是这并不完全符合银行的招聘实际目的和需求。银行并不是科研单位，而是商业服务机构，核心的能力是与人打交道！各家银行的工作岗位其实不需要高深的经济学、金融学专业知识，只有少部分岗位需要高、精、尖的学识。一直有一句玩笑话，虽然有点夸张，但是也反映出一定道理，这句话是：银行要求大学生从大学里带到银行的主要技能就是加减乘除法、EXCEL、PPT等办公软件的使用。除此之外，其他的大部分技能都是要靠银行后期培养出来的，而不是大学直接培养出来的。

中国大陆的银行目前虽然在全力地向互联网方向灵活转变，但是无论银行变革到什么程度，有些基本的东西是没有变的，这其中重要的是对风险的把控、个人服从管理、尊重规则和团队合作。风险把控是一个非常宏观的命题，既包括柜面业务风险、信贷风险、道德风险，也包括反洗钱风险、合规风险等方面。所以无论什么时候，银行首先要保证的是自己的任何一级领导和员工要守规矩、讲规则、知敬畏，这就又引申出任何一级领导干部和员工都要服从领导、服从上级。反过来讲，一位应聘者即使展现出天才般的能力，但是却在面试中桀骜不驯，明显不符合"守规矩"的特质，那么也很难入选。在银行工作还需要一项难能可贵的品格就是"团队合作精神"。与很多新型公司不同，银行的任何一项工作几乎都是很多人共同协作完成的。比如信贷业务，一位客户经理即使能力再强，在制度上和能力上都不允许也不可能把营销环节、合规受理、信贷审批、柜台放款、贷后管理等环节一肩挑地做完。银行的客户经理众多，不是某一名客户经理就能够把银行的业务支撑起来，所以银行最不需要的就是狭隘的英雄主义，而是需要特别具有团队精神和主动协作精神的人员。

所以大家务必要搞清楚银行面试的目的与重点，面试和笔试有巨大区别，笔试考核知识和技能，而面试看的是情商！简单地说：面试前的准备复习，千万不要聚焦在艰深的银行基础理论知识，更有甚者还会把很多国际银行前沿理论钻研得极为透彻，这些如果在大学生涯中能够钻研透彻当然很好。但是如果大学期间都没有钻研透彻，找工作时就不要把时间浪费在这方面，而是要注意提升自己在面试中的情商表现，把高情商与本书前面大篇幅提到的综合表达能力结合在一起，在面试场一开口就赢得主场地位，这才是最好的策略。

（三）面试官的心态要知晓

为什么要提到面试官的心态呢？因为这与我们高情商地赢得面试紧密相关。

银行面试——特别是全国性银行的面试往往规模比较大，动不动就是几百个人甚至数千人的面试。譬如我2019年11月参加的面试用了两天时间，就是从早上9点一直到晚上9点左右才结束，中午只有1个多小时的时间休息。这次面试是省行统一面试，多达3000人参加，这对面试官来讲是一个极为漫长且煎熬的过程。

既然是一个极为漫长的面试，所以面试官就会有非常严重的审美疲劳感和身体疲劳感，再有知识和技能的人在3000人这样的基数中都会表现得"重复"又"重复"，难以打动面试官。加之现在结构性面试越来越多，面试越来越流程化，面试官在这个过程中会感觉到自己是面试机器，越来越麻木。所以内心特别渴望有趣的、笑容真诚的、知晓面试官"艰难"处境的高情商应聘者来打破 "了无生趣"的面试局面，这是作为银行面试官的我们的真实想法。

完全可以这样想：面试官也是有喜怒哀乐的活生生的人，所以面试者能够多说一句"面试官您辛苦了！"就能够瞬间打动面试官，事实上能说这句话的考生比例不到1%；如果考生的笑容非常真挚，也能够抚慰面试官疲惫的心；如果考生在回答问题的过程中，能够把面试官也正面地融合进去，面试官就会觉得特别有趣。比如面试官问考生，进银行后你想挣多少工资。如果考生能够回答："我想只要我努力银行一定会给我回报，如果我能够通过不断努力，像您一样坐在面试官的位置，我相信工资一定不是我很担心的事情！"这么说会让面试官会心一笑，疲惫的心里划过一丝涟漪！

说到底，面试官实际上是我们走向社会的第一位客户，进入到社会工作，最重要的就是能够摸透各类客户的心思！所以如果在银行的招聘面试中，我们能摸清楚面试官的心思，就能够打动和拿下面试官，在某种意义上代表着自己够自信地迈出职业生涯第一步。

招聘面试的基本模式

根据我 15 年的面试经验，我总结了如下几大类面试形式。

（一）单一应聘者参加的传统面试模式

2006 年开始，我连续几年作为面试官参加的招聘面试都还比较原始，虽然应聘者人数众多，但基本上都是"一对一"或者"多（面试官）对一"的形式，除了 1~3 分钟的自我介绍外，就是面试官问几个问题，然后给应聘者打分就结束了。这种面试形式虽然越来越少，但是很多中小城市银行因为每次招聘的人数不多，所以还是习惯沿用这种方式。这种方式对"个人情商"的考核更重。因为面试人数不多，所以往往面试时间比较长，问的也比较细致，这样就更容易"泄露"应聘者的"情商"的秘密。

（二）无领导小组面试模式

在 2010 年左右，银行的面试慢慢进化到了无领导小组面试的形式，基本是一个由 4~10 个人的小组一次性进入到面试房间，一开始不指定谁是小组长，在小组面试的碰撞过程中逐渐就展现出谁有领导潜质并且发现大家的能力、习惯、工作态度、团队合作精神等方面。

（三）无领导小组＋两个小组对抗辩论的面试模式

最近几年，银行的面试开始进一步现代化，由专业招聘机构支撑辅助，一般是两个小组对抗式面试与结构化面试结合起来。这种面试形式的好处一是可以批量面试，比较节省时间，另一个是在小组对抗过程中，更能够较为充分、快速地发现较为突出的人才。

两个小组对抗是指一次进入到面试房间的有两个小组人员，每个小组 3~10 个人不等。两个小组的每一名人员除了简短的自我介绍外，就是针对考官布置的一道辩论题目（例如：你认为大学毕业生是应该到"北上广深"工作还是回到家乡工作更有前途？）进行正反方辩论，经过一段时候的辩论后，再给两个小组一定的时间让两个小组得出一个双方都认可的结论。

（四）结构化面试模式

结构化面试，也称标准化面试，是相对于传统的经验型面试而定义的，是根据所制定的评价指标，运用特定的问题、评价方法严格遵循特定程序，通过测评人员与被试者进行语言交流，对被试者进行评价的标准化过程。面试结构化体现在很多方面，篇幅所限，这里不全面叙述，只说几个方面：

面试要素结构化：根据银行面试的共性和特殊化要求，由人力资源部与外部的合作招聘公司共同确定面试要素，并对各要素分配相应权重。在每一道面试题目后，给出该题测评、考察要点的详细说明，部分银行会给出答案要点，方便面试官领会。与此对应，与面试试题对应设置的面试评价表上具体落实能够体现各要素权重的评分。

考官结构化：面试过程中一般确定 3~9 位考官，并确定一位面试官，依据用人岗位的需要，按职务、专业、年龄及性别等要素，进行一定比例的科学化配置，具体负责向应试者提问并总体把握面试的进程。

面试程序及时间安排结构化：面试按照严格的程序进行，对每道题目也会限制时间，一般每题问答时间最多不超过 10 分钟。

（五）两小组对抗模式＋结构化面试模式结合的面试模式

这种模式顾名思义，把两种模式的优势结合在一起，这种模式特别适合全国性的银行进行批量的面试。

银行面试各类细节准备

（一）服装要得体

虽然现在银行也越来越开放，但是面试期间大学生们能穿着职业装还是能够体现出对这份工作和面试官的尊重。这里要注重的是着装要整洁，男士最好打领带，女士如气质符合的话，职业装前戴上一朵落落大方的胸花比较好。如果没有穿职业装，也不要穿着非常随意，例如穿着运动装面试就显得非常不得体，也很不尊重面试官。

还有就是我们穿的衣服一定要基本舒适，而不是尚未穿出过门的新衣服，何况大学生买的正装基本都不是订做的，往往不太合身，不合适的衣服会加速自己的紧张，所以如果有为面试准备的新衣服，在买回来后反复穿且多出去走走适应一下，最好干洗一遍再熨烫，经过一番"折腾"，衣服就服帖了，就会让自己感觉比较舒适和自在，不然衣服也会"欺负"我们，让我们觉得陌生紧张。

（二）要有一句放之四海皆适用的座右铭

每个人其实都有自己的座右铭，只是没有刻意去提炼。

如果你还没有一句经典的座右铭，建议面试前准备一句自己真正相信的座右铭。座右铭有利于丰满自己的形象，如果有问题突然答不出来，也可以用这句座右铭来化解。

比如我的座右铭就是：用智、用心、用情来生活和工作！有一次，我也参加了岗位竞聘面试，面试官问的业务问题恰好不是我的所长，我就从我的座右铭谈起，中心的含义是：无论是什么业务或者工作，我都会坚持用智、用心、用情的"三用"价值观去把业务吃透，把工作做透，然后再进一步解释如何在这项业务发展中结合"三用"，这个回答令面试官很满意。

再比如，我还有一项理念是：认真细致、积极主动、想方设法、千方百计、开拓创新。这项理念也是适合很多工作的宝贵理念，在参加面试竞聘的时候，也非常好用，可以用于回答大部分"疑难杂症"式的面试问题，帮助我们顺利渡过难关。

（三）不要再纠结自己的声音、语速、普通话水平等无法在短时间内改变的劣势，要将宝贵的时间用于其他重要的准备工作上

每位应聘者的声音、语速、普通话水平等方面是大家在几十年中形成的固有习惯，是不可能在一到两天的时间改变的。所以不要纠结于以上元素对银行面试的影响。我们需要认识到，岗位面试不是选拔主持人。我们要将宝贵的时间用在我们可以迅速改变和完善的方面——比如面部表情、得体的回答话术、熟悉面试规则和面试技巧等。

（四）眼神是最凸显情商的"肢体语言"

有效地解除面试官的"武装"，触动面试官内心的部分，除了流畅的表达，眼神也许是最有效的另一个手段。

眼睛蕴藏着每个人内心的很多信息：我们自信，眼神也会自信；我们慌乱，眼神也会慌乱；我们不安，眼神也会不安；我们昂扬向上，眼神也会炯炯有神。人类有一种能通过观察别人的眼睛做出深刻判断的天生能力，所以我们要注意自己的眼神。在面试的时候，我们往往比较注意手往哪里放，腿往哪里搁，但是却忽略了我们的目光落在何处。

我们在银行面试的时候，不仅要把思想通过语言有效地传递到面试官的耳朵中，更要用我们温暖、真诚、自信的眼神去感染面试官的内心，用眼神鼓励面试官接纳自己。要在听取问题和回答问题的时候，真诚地用眼睛注视、回应面试官，不要回避眼神的接触，用眼睛与面试官建立起信任的纽带，这样就可以在几分钟内打开面试官的心扉，给面试官以信心和听下去的兴趣，让面试官看到应聘者身上蕴藏的真正潜力和未来。

（五）模拟面试的重要性

在准备面试时，强烈建议大家找到自己的同学、朋友或者家人模拟担任面试官，以便模拟出现场的紧张感。我们在同学、朋友或者家人面前练习，既有紧张感也有尴尬感，从某种意义上来讲压力不比正式面试的时候小，这种营造紧张的手段是十分必要的。

此外，面试现场的环境和氛围也需要我们尽可能提前了解。如果制度、时间和环境允许，我们最好在实际面试现场提前演练多次，这样会给我们带来自信。

（六）任何一次练习必须全流程完成，不要中途中断

我们在自我练习的时候，千万不要因为一两句话说的不好，或者

思路卡壳，回答不下去了，就停顿下来，然后为了追求完美，又从头说一遍，这会形成一种很不好的条件反射习惯，在正式面试的时候，往往也会有这种说不好就从头来的心理依赖。

自我练习的时候，无论怎样，一定要强迫自己不断地说下去，把整个问题回答完，这样十几次下来自然而然会形成顺畅回答问题的习惯。

（七）自我练习时的辅助手段与工具

摄像机。如果自己家里有一台摄像机，最好使用摄像机来拍摄，就把摄像机当做观众，事后可以通过摄像机回放来总结自己的总体表现，每次都通过这种方法来复盘自己就会得到非常大的提升。因为一般的人只是通过自己的内在感知来感觉自己讲得怎么样，实际上并不能够从一个旁观者的角度来客观地看自己。那么最好的方式就是在视频回放中清晰地观看一遍自己的表现，甚至可以逐帧逐帧地观看自己的表情和肢体语言。现在的摄像机，都有手机遥控操作的功能，用来自我练习拍摄已经非常方便。

用手机 + 手机专用拍摄架 + 蓝牙遥控器。现在的手机几乎都具备高清摄像功能，在网上花费 60 元左右就能够购买一个手机专用的摄像架，再花费 15 元买一个蓝牙遥控手柄，就成为了一个简约但是并不简陋的摄像机。用手机摄像的好处是不受摄像机大型器械的羁绊，可以随时随地拍摄。

用镜子。可以尝试对着镜子来练习，实时观察自己的一言一行、一颦一笑。但是用镜子会有一个问题——特别是对于初学者来说，镜子中反射的动作会一定程度上干扰到自己，所以需要在稿子熟悉的情况下再对着镜子练习，否则很容易心慌意乱。

（八）克服随时随地的挫败感

不要被挫折感打败，每个人包括我在内，经常正式开始说的时候，就会觉得自己说得不好，然后就开始紧张，心里怦怦直跳、自乱阵脚。

千万不要这样！

就像上文所讲的，面试官不在乎你一两句话说得对不对，而在乎的是应聘者说得是否连贯，是否自信，是否热情，面试官面试了几十个人，已经很疲惫了，所以很少会注意到应聘者是否说错一两句话，反倒是应聘者突然停下来了，或者突然紧张卡壳了，才会引起面试官的注意。

从某种意义上来讲，好的应聘者，往往不是表达能力和形象最好的那个，而是心理最平稳的那个。

（九）银行面试的其他辅助手段

如果应聘者觉得自己的表达能力还有所欠缺，可以事先准备一些高质量的自己的个人成果、心得体会、总结经验的文字、图片资料册随身携带，在面试的时候呈递给面试官，以便进一步给面试官留下深刻印象。

还可以现场尝试书写白板阐明自己的想法，使用适宜的声光电辅助手段展示自己。

当然以上手段要符合面试规则，部分手段要事先取得人力资源部的同意，所以需要提前与银行的招聘人员做好充分的沟通。

上述经验和技巧不应该成为束缚大家的枷锁，而是应该帮助我们更好地把在多年学习实践中的思考、抱负、热情和自信有效传递给面试官，打开面试官的心扉，再用自己的表现告诉面试官：是的，我就是您为公司苦苦寻找的那个人。当然，我们不应该成为经验和技巧的附庸，而是要将这些技巧按照我们自身的特点组合，为我所用。

典型成功案例
和"折戟沉沙"案例

15 年的面试经历使我遇到过很多优秀的应聘者，也遇到过很多"折戟沉沙"的应聘者，他们都留给我很深的印象，也让我有了很多沉思。这里分享给大家这些案例和从案例中汲取的注意事项和禁忌。

优秀应聘者案例一：结尾的一句问候让我们录取了他

这个案例虽然比较戏剧性，但确实是真实发生的。

我们称这位应聘者为 A。

A 属于那种个子不高、相貌平平的应聘者，在无领导小组面试过程中基本没有任何亮点！我们 3 位面试官在 20 多分钟的面试中对 A 基本没有产生什么印象。

面试结束，大家纷纷离开面试房间的时候，A 留在最后。等到大家都离开后，他向各位面试官深鞠一躬说："各位面试官辛苦了，感谢你们牺牲周末时间面试我们，刚才你们问的问题虽然不是我在行的问题，但是大家的回答和面试官们的点评让我学到了很多，如果以后有机会能向各位面试官学习是我很大的荣幸。各位前辈辛苦，感谢您们，感谢！"

这一段话说起来很真诚、很自然，让我们几位已经非常疲惫的面试官心里挺温暖的。A 的一番话让我们停下来打分的笔，开始重新审视他。

这次面试，面试官实际上就是牺牲了周六、周日的休息时间，本来心里就有点"小心结"，但是大家谁都不好意思抱怨——从早上面试到晚上，连续两天的时间，心理上还是很累的。A 的一句小问候触动了我们内心最柔软的部分，让我们印象很深。我当时就觉得，这样会关心人的应聘者是我们需要的同事，此前我给他打了最低分并且已经提交给工作人员。他的一句问候让我把评分表又要了回来，重新给他打了合适的分数。后来我还特意留心了他的应聘结果——果然应聘成功！

优秀应聘者案例二：多媒体暖心赞扬巧妙打动了面试官

我们称这位应聘者为 B。

B 的特点是在 2 分钟的自我介绍中，他口头介绍用了 1 分钟，剩下的 1 分钟用笔记本电脑给面试官播放了 55 秒的动画视频，这个视频是他自己做的，配上了温馨的音乐。内容讲的是 A 行的储蓄、手机银行、信用卡和助学贷款等各项服务陪伴他成长的一个比较温馨的小故事，动画视频的最后 8 秒钟用话外音的形式说出了"A 行伴我成长，我成为 A 行人是我能想到的最好的感谢与表达！"。

他这种自我介绍的方式比较别出心裁，更重要的是不露痕迹且形式新颖地表扬了 A 行，让各位面试官也觉得很暖心，有点小骄傲！这些话用嘴说出来当然也可以，但是刚好这位 B 同学会做动画，所以既向面试官展示了自己的特长，又把 A 行表扬了一顿，一举两得且方式自然，让人容易接受。不出所料，这位 B 获得了全场最高分！一个小节的面试结束后，各位面试官都对 B 啧啧赞叹，还出现了几位面试官争抢人才到自己部门的情况。

优秀应聘者案例三：专业领域的心得征服面试官

我们称这位应聘者为 C。

2016 年的那场面试，我已经是主面试官。我遇到了一位非常热爱信用证（国际业务结算工具）的应聘者！她在自我介绍的时候提交了一份她用一个月时间写的《信用证评话》，用比较幽默、风趣的话语，把在银行业相对比较晦涩、艰深的信用证深入浅出地讲得头头是道。她从几百年前的航海大发现娓娓道来，把信用证和支付宝进行了类比，还谈到了信用证对我们衣食住行的作用。虽然这份"评话"还透出些许幼稚，但是她这种对一个具体领域深入研究的精神打动了我们。

接下来，在自由问答环节，所有面试官都是围绕着她的这份"评话"来提的问题，包括为什么她这么热爱信用证、她是如何进行研究的、她以后是否想在国际业务方面发展等等。因为都是她十分擅长的问题，所以当然对答如流，征服了面试官！其实，C用递交个人展示资料的方式主动引导了面试官要问的问题，变被动为主动，这本身就是一种情商很高的表现！

当时恰逢 A 行需要招聘国际业务领域的专业人才，虽然几位面试官都不是国际业务方面的部门老总，但是我们都知道国际业务的重要性，面试还没结束就把她确定下来了！

优秀应聘者案例四：因为西装胸袋手帕面试成功

我们称这位应聘者为 D。

2019 年 11 月份的这场面试进入到第二天，我已经累计面试了近 300 人，随着时间流逝，人数不断地攀升，其实内心已经百无聊赖！恰在此时，一位穿着比较普通的职业装，但是西装胸袋里叠放着银色装饰手帕的应聘者吸引了我的目光。几位面试官都不约而同的被吸引。这种反应其实很正常，因为 99% 的应聘者穿的都是黑色职业装和白衬衫，千篇一律，带给面试官很大的视觉疲劳，甚至时间长了能看得人眼花！如果能在自己的衣服上稍微掺杂不同颜色（当然不要太夸张）的装饰物品，就能够在十几二十位同一小组的比拼中，至少在视觉上吸引到面试官的注意。我当时还特别问了 D 为什么要戴装饰手绢，不觉得太夸张吗？ D 的回答也很见情商。我记得他说："细节决定成败，细节也决定了是否能够在整体趋同的情况下做出特色。银行的大部分业务是趋同的，能够在银行的服务中竞争胜出，很大程度上也取决于细节。我自己是一个注重细节的人，这个装饰手绢只是其中的一个体现！"

在这场面试中，还有的应聘者在胸前佩戴了一个展翅高飞的雄鹰的胸标，另外他的发型也应该是到发型师那儿做了一下造型，给人感觉非常精神，印象也随之变得很好。

优秀应聘者案例五：比较特别的座右铭赢得面试

我们称这位应聘者为 E。

2010 年的时候，我第一次作为无领导小组面试的面试官，第一天面试就有一位应聘者打动了我。E 在自我介绍的时候比较别开生面，一开始就介绍他的座右铭是："用智、用心、用情做好每一件事情"。在接下来的 2 分钟自我介绍里，他用了很短的 3 个小故事诠释这三个词。最后他总结自己的优势就是"用智、用心、用情"地做好每一件事，他也想"用智、用心、用情"成为一名优秀的 A 银行的人。

接下来的自由问答环节，无论面试官如何问，E 都能用"用智、用心、用情"的框架来回答，让面试官意识到"用智、用心、用情"实际上是 E 做人、做事的价值观体系，也产生了一个突出的印象就是这个人"靠谱"。

2012 年的时候也有一位应聘者 F，他在回答"你在银行做客户营销不断受挫，你会怎么想、怎么做？"的问题时，引用了他秉承和坚信的座右铭"战战兢兢即生时不忘地狱，坦坦荡荡虽逆境亦畅天怀！"他从这句话谈开去解释他进入到银行，即使业务做得好，也要时刻有忧患意识不能自满自足，但是遇到逆境，自己也绝对不气馁，要相信天地间自有浩然正气、付出自有回报！他引用这句比较著名的座右铭的做法也让我们这些面试官印象很深刻，比一些回答问题没什么章法和逻辑的应聘者要高出一个档次。

从这两个例子可以看出，用座右铭来做自我介绍的主线或者回答问题有以下几个好处：

一是座右铭本身就能够快速地展现出一个人做人、做事的态度和格局，更深层次地反映出一个人的价值观，也就是集中反映出一个人的情商水平；

二是要找寻到放之四海皆适用的座右铭，可以用来回答各个问题，或者说能利用它支撑起各个问题的回答框架，让自己说的话逻辑清晰，容易理解；

三是座右铭其实也是对自己的变相表扬。比如 E 的座右铭"用智、用心、用情做好每一件事情"实际上就是对自己的非常简洁的表扬与概括，并且不露痕迹，符合中国人"最好不要自己表扬自己"的处事习惯。

优秀应聘者案例六：将个人成果展现给面试官

我毕业那年 6 家银行面试全都成功的重要原因之一就是我备了一套我在大学时代办的系刊（准备了多份给每位面试官看，共 10 册左右，面试结束后再收回来，也创造了和面试官私下交流的机会）。任何一家银行都喜欢文字能力强的人，因为即使是规模很小的银行，也都有大量的文字材料要撰写，有很多内外部宣传文案要策划，所以在同等能力的前提下，文字能力强的人会很受欢迎，我后来成为行务文秘和这次面试的展示有很大关系。

无独有偶，2016年我到西安交通大学参加招聘时，是要选择几位互联网电商策划能力比较强的专业人才，但是我们所有面试官又不懂这个领域。面试过程中，很多应聘者都十分愿意讲一些我们面试官听不懂的电商策划专业名词，讲了很多让我们感觉到很虚幻的规划，面试官们云里雾里。经过了半天左右的面试，在我们垂头丧气的时候开始柳暗花明，一位应聘者（称为G）走入房间，带着两本厚厚的像装修公司装修效果渲染图册一样的厚本子。他的自我介绍非常简短，只是说了个人的基本信息，然后就说他喜欢用作品说话，请各位面试官看一下他的作品。在面试官翻阅的时候，他还特别指出了几个他给银行做的电商项目，让我们顿时觉得很形象和生动，马上对他有很好的印象！

还是在这次面试，又有一位应聘者（称为H）把她大学时办的院刊（厚厚的十几期）、她拍摄的摄影作品册还有她画的厚厚的两大本漫画册用一个大的塑料整理箱带过来，递交给面试官，还配套提交了一份《关于建议A行成立多媒体工作室促新生态营销的企划书》的材料，洋洋洒洒列出了很多想法和建议。

这位同学是学财会管理的，但是她用"有重量"、有厚度的各类作品形象地证明了她还有多媒体的策划能力，特别是她的"企划书"，确实瞬间打动了面试官们。因为近年来银行越来越向互联网靠近，但是我们在进行互联网策划的时候，文字文案不接互联网地气、设计出来的图片也不好看，视频更是中规中矩缺乏灵气，所以的确需要专门成立一个多媒体工作室支持互联网营销。她的这份计划书很切合我们的需求。

应聘表现欠佳案例一

我几乎每年都能遇到对银行完全不了解，对于银行最基本的常识完全颠倒的应聘者。比如刚刚过去的 2019 年的面试。当我问到一位应聘者（称为 I）他觉得 A 银行应该保持哪个大类业务发展以便进一步提升利润时，I 脱口而出的回答是 A 银行的新股发行比较占优，应该进一步加大新股发行力度，这样就可以拉开与存款的利差，进一步提升利润。I 明显将银行的间接融资和资本市场的直接融资搞混，也不知道银行是不能做新股发行业务的，这个回答让面试官大跌眼镜，觉得这位考生并不真的热爱银行，否则不会基本的常识都不清楚——哪怕提前一个小时上网查询一下银行的基本业务功能也不会犯下这种低级错误。

也还是在 2019 年的面试上，我面试一位应聘者（称为 J），他的简历上显示自己是学社会学的著名高校研究生，有很多在社会学方面的研究奖项。可能因为社会学近几年来不太好找工作，所以他想参加银行面试碰碰运气。

虽然他在自我介绍和自由回答时一再强调社会学是研究人的学科，而银行的本质也是和人打交道的服务业，所以他认为自己的社会学背景也是适合银行的。但当我们问起他对银行的了解时，他却顾左右而言他，说的其实是保险的事情。我后来想再给他一次机会，请他阐述银行靠什么赚取利润，他却回答是销售保险和股票，我们后来实在忍不住提醒他保险公司、证券公司和银行有着巨大不同，中国的银行不能混业经营，他的表情还是很懵懂，这就让我们彻底认定他并不了解和热爱银行业，只是因为找不到工作投机来应聘银行，这样的应聘者是不被银行欢迎的。

从这两个例子可以看出，银行面试官不会像论文答辩一样"拷问"我们的银行专业知识，除了在某个领域（例如信息技术部）定向招聘外，面试官也基本不会在业务领域刨根问底紧追不放。面试官问应聘者的问题如涉及到银行的专业知识，基本都是大而化之。所以我们的确不需要应聘者对银行的业务有着特别深入的理解。但是我们也不能放任应聘者对银行的基本原理完全不知晓，甚至指鹿为马。

银行表面上是经营资金的行业或者说是经营利差的行业，但是本质上是经营风险的行业。银行的核心业务除了存款、贷款还有中间业务收入，银行与证券公司、保险公司、基金公司是有明显不同的。银行的核心盈利业务是贷款，银行的贷款是间接融资，与资本市场的直接融资有着很大的区别。

应聘表现欠佳案例二

伴随着互联网金融如火如荼的发展，唱衰银行业的也大有人在。

2019 年，我到省外某著名高校进行面试。一位金融学院的研究生（称为 K）在自我介绍的时候慷慨陈词，他说（原话）："现在银行已经日薄西山，我加入到 A 银行就是想用互联网的思想改造银行，让银行跟上时代，而不是阻碍金融的发展！"这一句话就把在座所有面试官的心都伤透了！这么说就仿佛 A 银行和面试官们都是老掉牙的前浪，早应该被历史淘汰却尸位素餐。这样的说法当然让我们很反感，并且与事实不符。当时，包括很多面试官在内的银行专家们都认为部分互联网金融公司没有抓住信贷风险的本质，为了高收益一味地放大风险敞口甚至有违常理操作，这种表面繁荣的现象是不会长久的，2019 年 P2P 贷款公司的倒闭潮也印证了这种看法。K 在面试的时候，虽然言语流畅、侃侃而谈，但是忽略了情商这个关键的前提，他说的话太过刺耳，哗众取宠，伤害了面试官们的感情，并且以偏概全，否定了银行在时代中的积极进步。结果显然是无法被录取！

所以说，在银行面试的时候，切忌把银行说的一无是处，因为应聘者想进入到这家银行工作又不认同银行业的发展，或者高高在上以救世主的口吻说话，这既让面试官十分不舒服，也会让人觉得十分可笑，集中表现出了应聘者的不成熟和浅薄，展现出来的都是低情商，这是应聘的大忌！

应聘表现欠佳案例三

每一年我都能遇到几位自信爆棚到自负的应聘者，例如 2010 年我就遇到了一位应聘者（称为 L）。这位 L 自身的能力一般，但是却特别自负。

当我们进入到无领导小组研讨的时候，L 抢先说："我们这个虽然是无领导小组研讨，但是我建议由我来当 leader，因为我天生就是要当领袖的！"这句话马上招致大家的反感，大部分人表示不同意。

后来在面试官自由提问的环节中，我问 L，为什么说自己天生就是要当领袖，这样不会招致大家反感吗？L 说："我认为只有当领袖才能完全展现我的才能，大家不同意我当 leader 是这个小组的损失！我应聘 A 银行也是要当 A 银行的行长的，不是二级行的行长，而是在北京总行的行长，二级行只是我的一个跳板，因为二级行并不能充分施展开我的能力。在你们二级行大学一毕业就要进来当几年柜员，这能学到什么？我进入到银行熟悉了就会马上到总行！"当她说完这段话之后，不仅仅是我，我们在座的所有面试官已经哭笑不得了！当另一位面试官善意地提醒她说："想当总行的行长，有这个抱负很好，但是总行的行长只有一位，需要很多年的成长，还是要扎根基层才能逐步成长！"L 马上说："你的看法很狭隘，如果人人都是你这种看法就无法成长了！我的志向普通人是理解不了的！"她这一番话之后，我们已经完全哑口无言了！

这样"骨灰级"的自负型选手的应聘结果可想而知，我们所有面试官都不约而同地在评分表上打上了最低分，并在备注栏中都注明了"不建议录用"。

对自己的能力有很好的自信，对职业生涯有很高的期许这很好，适度的张扬也已经越来越被社会包容，但是像上面这位 L 一样就已经脱离了自信的范畴，而是太过自负，目中无人了。在中国社会——特别是当代的职场——特别是讲究规则和秩序的银行，谦逊始终是一种万全之策的美德，即使是充分展现出能力和自信也并不与谦逊相违背，有情商的应聘者会将几者有机统一。年轻人有昂扬向上的态度是不错的，但是要注意措辞和对象！随便一家银行的大部分面试官基本都经历了十几年的打拼，走到了部门老总甚至行长的位置。年轻大学毕业生过于趾高气扬是大家是无法接受的，所以在面试官前的讲话要大方得体，不能自视过高！再深入讲，如果这位应聘者如此高调，在面试的时候都让面试官这么反感，面试官怎么会不害怕他入职后把客户得罪的一塌糊涂让银行遭受损失！

应聘表现欠佳案例四

银行很注重团队合作精神，也很注意在两个小组对抗辩论环节甄别出没有团队合作精神的"独狼"，除了比较特殊的岗位外，银行是不太喜欢"独狼"的。

例如，2018年我就遇到了一位应聘者（称为M），在两个小组对抗辩论的期间，他非常能讲，舌战群儒，一开始我们面试官对他印象不错，感觉这是一位好苗子。但是在自由辩论结束后的环节是需要两个小组用2分钟的时间达成共同的意见，两个小组合成一个小组选出一个人来进行最后阐述。但是这位M还是不依不饶地坚持要对方小组全面认输，必须承认他所在的小组的观点是对的！这既招致对方小组的反感，也招致本小组成员的反对。工作人员提示了两次时间不足，大家的当务之急是求同存异，但是M置若罔闻，结果最后两个小组没有达成一致，最后一个环节没有顺利完成！这让两个小组的人员都非常生气。整个面试结束，大家离开面试房间时，M还是没有充分意识到自己的问题，还在坚持认为最后没有达成一致是因为对方小组不承认他们输了！

这位M的逻辑思辩能力很强，我们面试官也承认他的辩论和思路有很多可取之处。但是他太过咄咄逼人，导致整个团队因为他一个人的问题导致整体任务失败，这是银行所不能忍受的！

在面试的时候，特别是在两个小组对抗辩论或者小组内部辩论环节的时候，我们既要有逻辑地辩论，也需要学会倾听和适度妥协。我们要意识到银行设置辩论对抗环节不是选拔辩手，也不是要分出胜负，而是要综合观察大家的情商与智商，特别是观察大家的团队精神。绝对不是单纯看大家的口才表演。

如果面试官在辩论环节中遇到一位既能侃侃而谈又愿意倾听、善于团结和总结大家意见的应聘者，那么他一定能够打开面试官的心扉！这样的人在银行的任何岗位都是广受欢迎的。

应聘表现欠佳案例五

衣着服装也能够导致应聘的滑铁卢！刚刚过去的 2019 年的面试，我遇到了穿着非常不得体的一位应聘者。

可能是为了显示身材，他穿着阿迪达斯的全套红色运动服和跑鞋，做了韩式发型，并且染成了黄色！

本来我们以为他有体育特长，问了一下也没什么特长，只是喜欢打篮球。面试官专门询问了他为什么穿着运动服就来了，他的回答玩世不恭："我认为穿运动服来面试没什么问题呀，我的这身运动服是新买的，比很多人穿的西装都贵。我就是因为对应聘重视才穿运动服的！"这样的装束、发型和回答让我们感觉他很玩世不恭，而银行需要的是守规则和讲秩序的人，虽然银行也很讲究创造力，但是决不能将创造力与讲规则对立起来！

我们如果想引起面试官的重视，完全可以在衣服的一些小配饰上做文章，而不是整体上全面标新立异，这会有很大风险——毕竟面试时间很短，面试官不可能有太多时间完全地、细节性地考核一个人的全面，而穿着是一个人内心的外在表现。

出 品 人：许　永
产品经理：林园林
责任编辑：钱飞遥
装帧设计：张传营
印制总监：蒋　波
发行总监：田峰峥

投稿信箱：cmsdbj@163.com
发　　行：北京创美汇品图书有限公司
发行热线：010-59799930

官方微博

微信公众号